2
1971

Faserforschung und Textiltechnik

WISSENSCHAFTLICH-TECHNISCHE ZEITSCHRIFT
FÜR DIE CHEMIEFASER- UND TEXTILINDUSTRIE

BEGRÜNDET VON
ERICH CORRENS UND WALTER FRENZEL

HERAUSGEGEBEN VON ERICH CORRENS
WOLFGANG BOBETH – HANS BÖHRINGER – HERMANN KLARE
BURKART PHILIPP – CHRISTIAN RUSCHER

SCHRIFTLEITER J. BRÄMER UND I. RUSCHER

AUS DEM INHALT

AKADEMIE-VERLAG BERLIN

Faserforsch. u. Textiltechnik • 22. Jahrg. • Heft 2 • Seiten 51–110 • Berlin im Februar 1971

AKADEMIE-VERLAG · 108 BERLIN 8
LEIPZIGER STRASSE 3-4 · TELEFON: 22 04 41 · TELEX-NR. 011 773

Sehr geehrte Damen und Herren!

Wir gestatten uns, Sie darauf hinzuweisen, daß die Vorträge des

3. INTERNATIONALEN CHEMIEFASERSYMPOSIUMS

das vom 1. bis 4. Dezember 1970 in Dresden

stattfand, in den Heften 2,3 und 4/1971 der Zeitschrift "Faserforschung und Textiltechnik" veröffentlicht werden.

Nach einer Eröffnungsansprache des Präsidenten der Deutschen Akademie der Wissenschaften zu Berlin, Prof.Dr. HERMANN KLARE, berichteten 17 international bekannte Fachleute über die neuesten Ergebnisse auf dem Gebiet der Chemiefaserforschung und -produktion. Neben grundsätzlichen Themen über die Entwicklungsrichtung der Chemiefaserforschung, Fragen der Faserstruktur und ihrer Beeinflussung, der Beständigkeit gegen Strahlungs- und Temperatureinflüsse wurden Überblicke über den Stand und die Entwicklung der verschiedenen Synthese- und Cellulosefaserstoffe sowie der Glasseide gegeben.
Eine Podiumsdiskussion zum Thema 'Chemiefaserstoffe im Jahre 2000' behandelte Fragen der Zukunftsentwicklung.

Einige Themen seien nachstehend erwähnt:

Prof.Dr. B.PHILIPP, DDR	Entwicklungslinien der Chemiefaserstoff-Forschung im Rahmen der Polymerwissenschaft
Prof.Dr. A.B.PAKSVER / Dr. L.S. GERASIMOVA, UdSSR	Strukturveränderungen in Chemiefasern bei verschiedenen Behandlungen
Dr. J. PRESTON, USA	Hochtemperaturbeständige Fasern aus geordneten Polymeren
Dr. G.S. EGERTON, England	Photosensibilisierte Oxydation von Polyamidfasern
Doz. Dr. E. TREIBER, Schweden	Entwicklungstenden bei Viskosefasern und Viskosezellstoffen
Dr. J. CORBIÈRE, Frankreich	Herstellung und Verwendung von Celluloseacetatfäden
Prof.Dr. Z.A. ROGOVIN / Dr. A.V. VIRNIK, UdSSR	Modifizierte Cellulosepräparate für Medizin und Biologie
Dr. G.WIEDEMANN, DDR	Untersuchungen zur Morphologie der Glasseide

477 Ag 451 1 71 70

Bei dieser Gelegenheit möchten wir Sie auch auf unsere Zeitschrift

SOWJETISCHE BEITRÄGE

ZUR FASERFORSCHUNG UND TEXTILTECHNIK

in deutscher Übersetzung

aufmerksam machen. Aus zunächst 4 sowjetischen Fachzeitschriften bringt die Zeitschrift ausgewählte Beiträge in deutscher Übersetzung und vermittelt zugleich einen Überblick über den Inhalt der neuesten Hefte.

Sie erscheint monatlich mit einem Umfang von 56 Seiten je Heft, im Format 21 x 29,7 cm, mit Abbildungen zum Preise von M 7,50 je Heft.

Wir sind gern bereit, Ihnen auf Wunsch ein Ansichtsexemplar zur Verfügung zu stellen.

Mit vorzüglicher Hochachtung

AKADEMIE-VERLAG
Informations- und Werbe-Abteilung

Herbst
Werbeleiter

Ag 451/71/V 375

DK 061.3.055.1(430.2—2.1) „1970“:677.4:338.45

Klare, Hermann

Eröffnungsansprache zum Dritten Internationalen Chemiefasersymposium 1970 in Dresden

Faserforsch. u. Textiltechnik **22** (1971) 2, S. 51—53. 2 Abb.

DK 677.014.86:677.494:677.021.125:677.494.061.3

Pakšver, A. B., und *Gerasimova, L. S.*

Einfluß der Strukturänderungen in Chemiefaserstoffen bei einigen Behandlungen auf ihre Eigenschaften

Faserforsch. u. Textiltechnik **22** (1971) 2, S. 54—62. 15 Abb., 1 Tab., 25 Lit.

Die Einflüsse der Spinnbedingungen und der Fadennachbehandlungen, wie Reckgeschwindigkeit, -verhältnis, -temperatur, Thermofixierung und Vernetzung, auf die Eigenschaften der Fäden, in der Hauptsache aus Synthesepolymeren, wie Polyamid, Polyester, Polyacrylnitril, Polypropylen und Polyvinylchlorid, werden anhand der Fadenrelaxation beim Plastifizieren sowie Quellen in Lösungsmitteln, der Dichte und der Zugänglichkeit der amorphen Bereiche, des Kristallisationsgrads und der Abmessungen der Strukturelemente mit dem Ziel besprochen, durch genaue Kenntnis Möglichkeiten zur gezielten Qualitätsverbesserung der Chemiefasern aufzudecken.

DK 677.463.“71”:661.728.6.“71”:677.021.122.222/.223:677.021.122.44:339.4

Treiber, Erich

Entwicklungstendenzen bei Viskosefasern und Viskosezellstoffen

Faserforsch. u. Textiltechnik **22** (1971) 2, S. 62—71. 12 Abb., 4 Tab., 18 Lit.

Die gegenwärtig sich abzeichnenden Entwicklungstendenzen bei den verschiedenen Typen von Viskosefaserstoffen werden eingehend besprochen und die Auswirkungen auf den Chemiefaserzellstoffverbrauch skizziert. Sowohl das Problem der Zellstoffversorgung als auch Fragen im Zusammenhang mit der Herstellung ökonomischer Zellstoffe werden gestreift. Neuere Versuche über den Einfluß von Fremdionen beim Alkalisierprozeß auf den Filterwert der Viskose werden referiert.

DK 677.464.„71“:677.021.122.22:677.464.061.5/.7

Corbière, Jacques

Herstellung und Verwendung von Celluloseacetatfasern

Faserforsch. u. Textiltechnik **22** (1971) 2, S. 71—79. 8 Abb., 4 Tab.

Nach einem historischen Überblick über die Entwicklung der Acetatproduktion und die damit zusammenhängenden Probleme wird auf den gegenwärtigen technischen Stand des Acetylierungsprozesses — insbesondere auf das kontinuierliche Verfahren — sowie auf das Spinnen von Acetat und Triacetat eingegangen. Die textilphysikalischen, chemischen und thermischen Eigenschaften sowie ökonomische und prognostische Aspekte einschließlich der Produktionsziffern von Acetatfaserstoffen werden behandelt. Diskutiert werden besonders die Einsatzgebiete für Acetat- und Triacetatfaserstoffe.

DK 677.494.745.32“71”:677.021.125:677.095.26:677.494.061

Hobson, P. H.

Fortschritte auf dem Gebiet der Acrylnitrilfaserstoffe

Faserforsch. u. Textiltechnik **22** (1971) 2, S. 80—85. 65 Lit.

Es wird über Fortschritte auf dem Gebiet der Acrylnitrilfaserstoffe berichtet. Neue Polymere, Polymerisationsverfahren und Fadenbildungsprozesse werden sowohl bezüglich ihres wissenschaftlichen Gehalts als auch im Hinblick auf die Anwendbarkeit zur Herstellung von Fasern mit neuen oder verbesserten Eigenschaften diskutiert. Neue Theorien über die Struktur von Acrylnitrilfaserstoffen und Veränderungen während des Herstellungsprozesses werden kritisch betrachtet und zu den Faserstoffeigenschaften in Beziehung gesetzt.

DK 677.494.675:542.921.9:541.144.8

Egerton, Gerard Seymour

Photosensibilisierte Oxydation von Polyamidfaserstoffen

Faserforsch. u. Textiltechnik **22** (1971) 2, S. 86—94. 9 Abb., 1 Tab., 50 Lit.

Die verschiedenen Faktoren, die den Abbau von Polyamidfaserstoffen durch Strahlung im nahen Ultraviolett und durch sichtbare Strahlen beeinflussen, und die Natur der chemischen Veränderungen werden diskutiert. Der Einfluß von sensibilisierenden Farbstoffen auf die Beschleunigung der Photooxydation von Polyamidfaserstoffen wird untersucht. Eine primäre Photooxydation der Farbstoffe durch das Polymere scheint nicht die Ursache dieser Oxydation zu sein. Der wichtige Anteil von Sauerstoff im Singulettzustand an der photosensibilisierten Oxydation wird betont, und es wird gezeigt, daß der photochemische Abbau von Polyamid- und anderen textilen Faserstoffen wahrscheinlich mit auf Sauerstoff im Singulettzustand beruht. Verfahren zur Verbesserung der photochemischen Stabilität von Polyamidfaserstoffen werden diskutiert.

DK 677.494.744.6:677.494.061:677.021.15:677.017.42

Dietrich, Klaus, Reinisch, Gerhard, Versäumer, Heinz, Schiffner, Rudolf, Naumann, J., und *Kleindienst, M.*

Experimentalfaserstoffe aus Formaldehyd-Copolymerisaten

Faserforsch. u. Textiltechnik **22** (1971) 2, S. 94.

Autorreferat.

DK 519.272.119:51(086.5):519.2

Winkler, Friedrich, und *Bauer, Albrecht*

Anwendung der Regressionsanalyse bei der Planung, Durchführung und Auswertung von Versuchen

Faserforsch. u. Textiltechnik **22** (1971) 2, S. 95—103. 4 Abb., 11 Tab., 24 Lit.

Betrachtet man ein Untersuchungsobjekt als statisches System mit den Eingangsgrößen x_i und der Ausgangsgröße y, so lassen sich Regressionsgleichungen als mathematische Modelle für den Zusammenhang zwischen den x_i und y aufstellen. Auf die dafür anwendbaren Gleichungstypen und die Möglichkeiten zur Reduzierung der Anzahl der Summanden in ihnen wird eingegangen. Weiter werden die verschiedenen Arten der statistischen Versuchspläne, wie Faktorenpläne, Orthogonalpläne und lateinische Quadrate, behandelt. Einige Beispiele zur Anwendung der Regressionsanalyse auf eigene Versuche beschließen die Arbeit.

Die Zeitschrift „Faserforschung und Textiltechnik“ erscheint monatlich in Heften zu 48 Textseiten im Format A 4. Der Preis für das Einzelheft beträgt M 15,– (Sonderpreis für DDR M 9,–), für den Vierteljahrbezug M 45,– (Sonderpreis für DDR M 27,–), zuzügl. Bestellgeld. Die Berechnung erfolgt zu Beginn eines Vierteljahrs für 3 Hefte. Bestellungen aus dem Gebiet der Deutschen Demokratischen Republik an ein Postamt, eine Buchhandlung oder den Verlag, aus der Deutschen Bundesrepublik an eine Buchhandlung oder die Auslieferungsstelle Kunst und Wissen, Erich Bieber, 7 Stuttgart 1, Wilhelmstraße 4–6, aus dem Ausland an eine Importbuchhandlung, den Deutschen Buch-Export und -Import GmbH., 701 Leipzig, Postschließfach 276, oder den Akademie-Verlag GmbH., 108 Berlin, Leipziger Str. 3–4 (Fernruf: 220441; Telex-Nr. 0112020; Postscheckkonto 35021) erbeten. Bestellnummer dieses Heftes: 1014/22/2. Alleinige Anzeigenannahme DEWAG-WERBUNG, 102 Berlin, Rosenthaler Str. 28/31, und alle DEWAG-Betriebe in den Bezirksstädten der DDR. – Bestellungen in der UdSSR nehmen entgegen: Städtische Abteilungen von „SOJUZPECHATJ“ bzw. Postämter und Postkontore.

Herausgeber und verantwortlich für den Inhalt: Prof. Dr. Dr. Erich Correns, Institut für Faserstoff-Forschung der Deutschen Akademie der Wissenschaften zu Berlin, 153 Teltow-Seehof, Fernruf: Teltow 4831; Prof. Dr.-Ing. habil. Wolfgang Bobeth, Institut für Technologie der Fasern der Deutschen Akademie der Wissenschaften zu Berlin, 801 Dresden, Hohe Str. 6, Fernruf: 44721: Prof. Dr.-Ing. Hans Böhringer, Institut für Textiltechnologie der Chemiefasern Rudolstadt, Fernruf: Rudolstadt 2031; Prof. Dr. Hermann Klare, Prof. Dr. habil. Burkart Philipp und Dr. habil. Christian Ruscher, Institut für Faserstoff-Forschung der Deutschen Akademie der Wissenschaften zu Berlin, 153 Teltow-Seehof, Fernruf: Teltow 4831. Schriftleiter: Joachim Brämer und Dipl.-Chem. Ingeborg Ruscher, 153 Teltow-Seehof, Kantstr. 55. Verlag: Akademie-Verlag GmbH., 108 Berlin, Leipziger Str. 3–4. Satz und Druck: Druckhaus „Maxim Gorki“, 74 Altenburg. – Veröffentlicht unter der Lizenznummer 1280 des Presseamtes beim Vorsitzenden des Ministerrates der Deutschen Demokratischen Republik.

Faserforschung und Textiltechnik

WISSENSCHAFTLICH-TECHNISCHE ZEITSCHRIFT FÜR DIE CHEMIEFASER- UND TEXTILINDUSTRIE

Band 22 Februar 1971 Heft 2

Eröffnungsansprache zum Dritten Internationalen Chemiefasersymposium 1970 in Dresden[1])

Hermann Klare

Deutsche Akademie der Wissenschaften zu Berlin

DK 061.3.055.1(430.2—2.1)„1970“:677.4:338.45

Als am Schluß des 2. Internationalen Chemiefaser-Symposiums in Berlin im März 1965[2]) Herr Professor *Rogovin* sagte, daß es zu begrüßen sei, wenn das Chemiefaser-Symposium zu einer ständigen Veranstaltung würde, da stimmte ihm das Auditorium freudig zu. Wenn wir uns heute — fünf Jahre später — wieder zusammenfinden, dann liegt dazwischen der Kongreß während der Leipziger Frühjahrsmesse im Jahre 1967, auf dem eine Reihe ausgewählter Probleme der Chemiefaserforschung, -technologie und -ökonomie behandelt wurde.

Die Veranstalter dieses Symposiums wollten die Flut von Tagungen, Kongressen und Symposien nicht unnötig vergrößern, und somit treffen wir uns heute nach weiteren drei Jahren hier in Dresden. Ich persönlich — und ich darf auch wohl im Namen der drei Vorbereitungs-Komitees und meiner übrigen Kollegen sprechen — wir freuen uns, so zahlreiche bekannte und auch neue — aber doch aus der Literatur bekannte — Persönlichkeiten und Gesichter zu sehen und begrüßen zu können; Sie alle haben sich fast ausschließlich der Chemiefaserforschung und -entwicklung verschrieben.

1965 hatte ich ebenfalls als Erster das Wort. Ich möchte ausdrücklich betonen, daß diese Tatsache nicht besagt, die Eröffnungsrede sei mein Privileg; ich hoffe vielmehr, daß beim 4. Symposium, das nicht erst in fünf Jahren stattfinden sollte, ein Jüngerer an meiner Stelle steht. So aber habe ich den Vorteil, anknüpfen zu können an das, was ich 1965 sagte. Ich sprach damals davon, daß wir unser Symposium nicht unter ein begrenztes Thema stellen und nur einen Ausschnitt der Chemiefaserforschung und -entwicklung behandeln wollten. Ich begründete das damit, daß „wir die ohnehin immer stärker spürbar werdende, und wie mir scheint, bedauerliche Spezialisierung auf schmalste Ausschnitte von Forschungsrichtungen nicht noch unterstreichen wollten“; denn „solche Symposien sollen und müssen Gelegenheit geben, einmal wieder das Gebiet ‚Chemiefasern‘ in seiner ganzen Breite und Ausdehnung vorstellen zu können, um wenigstens hier einer zunehmenden Einseitigkeit entgegen zu wirken“.

[1]) An dem 3. Internationalen Chemiefasersymposium des vom 1. bis 4. Dezember 1970 in Dresden stattfand, nahmen neben zahlreichen Fachleuten aus der DDR Wissenschaftler aus sozialistischen und kapitalistischen Ländern teil. In Vorträgen und Diskussionen berichteten international bekannte Autoren über die neuesten Ergebnisse auf dem Gebiet der Chemiefaserforschung und -produktion. Die Vorträge werden in den Heften 2 bis 4 unserer Zeitschrift veröffentlicht.

[2]) Vgl. 2. Internationales Chemiefaser-Symposium. Abh. dt. Akad. Wiss. Berlin; Kl. Chemie, Geologie u. Biologie (1965) 3. Berlin: Akademie-Verlag 1965.

Ich denke, das Programm dieser Tagung erfüllt wieder diese Voraussetzung, und das halte ich auch heute für sehr bedeutsam, weil sich doch gezeigt hat, daß die Integration der Wissenschaftsgebiete, daß das enge Zusammenwirken der klassischen Disziplinen Chemie, Physik, physikalische Chemie, Biologie, Ökonomie, Physiologie, Psychologie (Mode), Mathematik, Textiltechnik (Reihenfolge ist keine Rangfolge) und neuer Disziplinen — ich nenne nur die Kybernetik und die Datenverarbeitung — immer notwendiger wird, um die vorhandenen und neu auftauchenden Probleme der modernen Chemiefaserentwicklung bewältigen zu können. Insofern kann ich also feststellen, daß ein 1965 dem Symposium zugrunde gelegter prognostischer Gesichtspunkt sich als richtig und notwendig erwies.

Ich frage mich allerdings, ob wir im März 1965 den sprunghaften Anstieg der Weltproduktion an Chemiefaserstoffen in der Größenordnung richtig vorausgesagt hätten. Die damals bekannten Zahlen für die Weltproduktion von 1964 lagen bei rd. 3,4 Mio t Chemiefaserstoffen auf Basis Cellulose und bei rd. 1,7 Mio t Synthesefaserstoffen, d. h., die Synthesefaserstoffproduktion betrug 1964 genau die Hälfte der cellulosischen Chemiefaserstoffe.

1970 werden wir mit knapp 4 Mio t Chemiefaserstoffen auf Basis Cellulose und mit möglicherweise mehr als 6 Mio t Synthesefaserstoffen rechnen können, d. h., die Mengenverhältnisse haben sich beinahe umgekehrt; die Gesamtproduktion an Chemiefaserstoffen hat sich also in weniger als 6 Jahren verdoppelt, die der Synthesefaserstoffe mehr als verdreifacht. Ich habe nun einmal in der Literatur der Jahre um 1965/66 über Trends der Produktionsentwicklung bis 1970 nachgeschaut: mit einer Steigerung, wie sie heute vorliegt, rechnete man damals nicht.

Sie sehen auf Bild 1 die neuen Produktionsschätzungen bis 1980 und die Schätzungen aus dem Jahre 1966, die damals bis 1975/76 gingen. Tatsache ist, daß die 1966 angestellten Produktionsvoraussagen für 1976 etwa bereits 1970/71 erreicht sein werden. Darüber hinaus wird prognostiziert, daß Anfang der siebziger Jahre die Polyesterfaserstoffproduktion diejenige der Polyamidfaserstoffe überholen wird. Diese Prognose ist den meisten von Ihnen sicher nicht unbekannt, sie wurde auch bereits 1966 gestellt. Für 1980 rechnet man heute mit ca. 12 bis 14 Mio t Synthesefasern, für 1975 mit etwa 7 bis 9 Mio t.

Die bereits erwähnten, stark von der Wirklichkeit abweichenden Prognosen des Jahres 1966 stimmen mich persönlich allerdings etwas skeptisch, ob die angegebenen Schätzungen bis 1980 zutreffen werden.

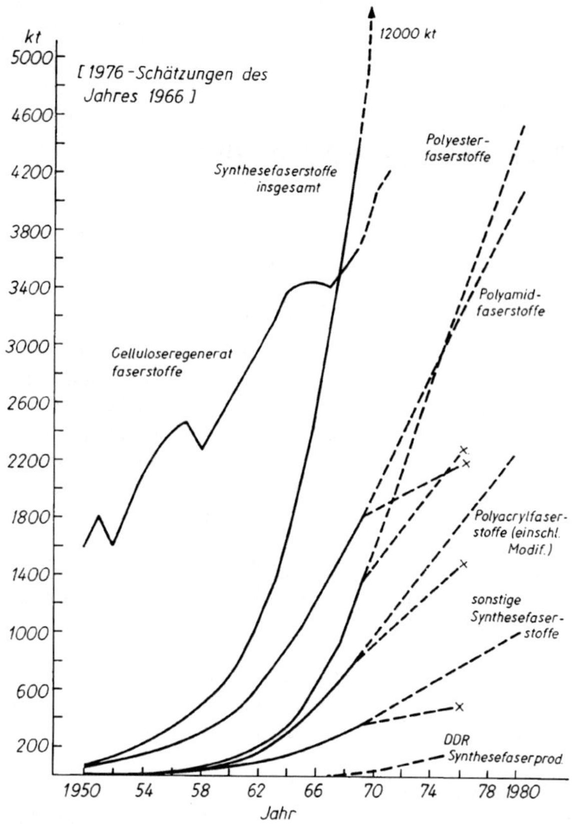

Bild 1. Weltproduktion an Synthesefaserstoffen.

Unter „Sonstige Synthesefaserstoffe" sind erfaßt: Olefine, Elastomere, SARAN, TEFLON, Polyvinylalkohol. Die bei 1976 eingetragenen Werte sind Schätzungen aus dem Jahre 1966

Sie hängen doch von sehr vielen, einfach nicht voraussehbaren Faktoren ab, z. B. auch davon, ob sich nun die Mini- oder — wenn Sie mich fragen, Gott behüte — die Maxi-Mode durchsetzt.

Da wir ja auf diesem Symposium auch in einem Podiumsgespräch über „Chemiefasern im Jahre 2000" diskutieren werden, sollte man vielleicht auch die Frage anschneiden, ob nun in Zukunft die sehr variationsfähigen Eigenschaften der Chemiefasern die Mode bestimmen, oder ob umgekehrt die Mode immer noch — *ohne* Rücksicht auf einige hervorragende Chemiefasereigenschaften — kreiert werden wird. Ich stelle seit Jahren immer wieder dieselbe Frage: müssen DEDERON- oder NYLON-Strümpfe so dünn sein, daß sie ebenso schnell verschleißen, wie vor 1945 die Viskosestrümpfe? Ist das ein Naturgesetz, oder sollten wir nicht darüber einmal nachdenken? Alle, die 1940 die Polyamid-Seidenstrümpfe zum ersten Mal sahen und trugen, hätten eine solche Entwicklung, wie wir sie heute konstatieren müssen, für absurd gehalten. Können nicht innerhalb der nächsten 20 Jahre doch gravierende Änderungen eintreten, indem solche „Alleinherrscher" und „Machtfaktoren" wie die Mode gegenüber wissenschaftlichen Erkenntnissen etwas in den Hintergrund treten?

Ich möchte allerdings nicht falsch verstanden werden und auf gar keinen Fall einer Uniformität der Bekleidung das Wort reden! Wenn aber auch bei der modischen Entwicklung bereits vorhandene oder zu schaffende besondere Eigenschaften der Chemiefasern stärker berücksichtigt würden, könnte man unter anderem auch einer sich abzeichnenden Verschwendung steuern, die infolge des nicht unbegrenzt auf der Erde vorhandenen mobilen Kohlenstoffs den kommenden Generationen einmal sehr große Sorgen bereiten wird. Bei der Ihnen allen bekannten Wachstumsrate der Erdbevölkerung sollte sich m. E. *unsere* Generation bereits dringend verpflichtet fühlen, mit dem Kohlenstoff und anderen Rohstoffen sorgsam umzugehen. Aus diesem Grunde bin ich übrigens auch der Meinung, daß wir den Viskosefaserstoffen weiterhin unsere ungeteilte Aufmerksamkeit zuwenden müssen. Der Rohstoff „Cellulose" wächst jedes Jahr nach, und die vorangegangenen zehn Jahre haben gezeigt, und die Vorträge auf diesem Symposium werden es erhärten, welche Möglichkeiten in den Viskosefaserstoffen stecken. Wenn auch offensichtlich — dem gegenwärtigen Trend folgend — die Vorträge, die sich mit Faserstoffen auf Cellulosebasis befassen, von 12 im Jahre 1965 auf 4 während dieses Symposiums zurückgegangen sind — dafür sind diejenigen über Synthesefaserstoffe von 6 auf 11 angestiegen —, so ist doch festzuhalten, daß die Produktion an Celluloseregeneratfaserstoffen immer noch beträchtlich höher liegt als die Erzeugung der einzelnen Synthesefaserstoffarten. Ich bin überzeugt, daß die modernen Celluloseregenrat- und -derivat-Faserstoffe sich — als Mischungskomponenten — den Synthesefaserstoffen immer besser anpassen lassen und damit ein unentbehrlicher Anteil des Chemiefaserstoffangebotes bleiben werden. An dem Fortschritt der Chemiefasern allgemein werden auf die Dauer auch solche schönen „Weisheiten" nichts ändern, die ich kürzlich in einer sehr bekannten Textilzeitschrift las: „Sie leben besser in Baumwolle. Sie sehen besser aus und Sie fühlen sich besser!" Ich habe gar nichts gegen Baumwolle, aber ich frage mich wirklich, warum ich in Baumwolle besser leben soll als in Chemiefasern oder deren Mischungen. Es ist erstaunlich, welche Mystik heute noch gepflegt wird und welche Vorurteile mit Fleiß aufrecht erhalten werden. Zum Beispiel auch dieses: „Man sei beim Gebrauch von Wollkleidung zu einer höheren Leistung befähigt als beim Tragen von Kleidung aus synthetischen Fasern" (Amerikanische Zeitschrift).

Ich sagte vorhin, daß mich die Abweichungen zwischen Trendvoraussagen und Wirklichkeit bei Schätzungen der Weltproduktion etwas skeptisch stimmen, und zwar hinsichtlich des Wahrscheinlichkeitsgrades von Zahlenangaben, die über fünf Jahre hinausgehen. Wir haben trotzdem einmal aus der Literatur eine große Zahl von Schätzungen der Entwicklung der Weltproduktion von Textilfaserstoffen bis zum Jahre 2000 zusammengestellt (Bild 2).

Es fällt die außerordentliche Breite der Voraussagen auf, sie reicht im Jahre 2000 von 14 Mio t bis etwa 24 Mio t bei Naturfaserstoffen und von etwa 17 Mio t bis 45 Mio t bei Chemiefaserstoffen; der Ungenauigkeitsgrad ist also beliebig hoch. Aber eines scheint doch recht wahrscheinlich: Möglicherweise Ende der siebziger Jahre, mit erheblicher Sicherheit aber Anfang der achtziger Jahre werden mehr Chemiefaserstoffe als Naturfasern erzeugt werden. Die ausreichende Bekleidung der Menschen ist

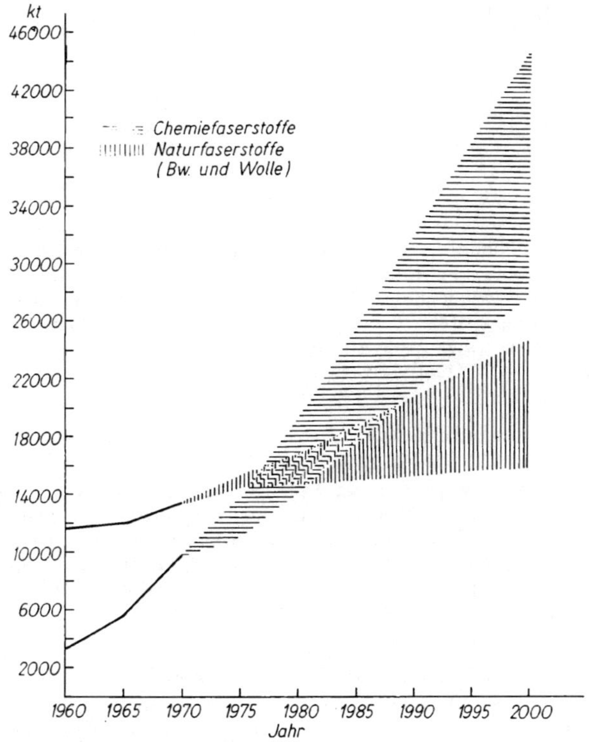

Bild 2. Prognose der Textilfaserstoff-Produktion in der Welt (aus Literaturangaben)

also — von der technischen Möglichkeit her gesehen — kein Problem mehr; ich frage mich, ob das vor 30 Jahren hätte prognostiziert werden können. Um so wichtiger scheint es mir deshalb, daß wir uns mit der wissenschaftlichen Prognostik befassen, damit wir rechtzeitig erkennen, was geschehen kann und geschehen muß. Dabei sollte man aber die sich einstellenden Bedürfnisse der Menschen mehr beachten als eine Spekulation mit Zahlen, nach denen sich dann die Bedürfnisse und der Bedarf richten sollen.

In der Ernährung zeichnen sich übrigens heute ähnliche Entwicklungen ab: die „synthetischen Nahrungsstoffe" haben heute etwa eine Entwicklungsstufe erreicht, wie die synthetischen Faserstoffe im Jahre 1940. Wenn die Entwicklung der Chemiefaserstoffe bereits einen wesentlichen Teil des Problems der ausreichenden Bekleidung des Menschen lösen konnte, dann können wir heute mit einem erheblichen Wahrscheinlichkeitsgrad voraussagen, daß wir auch dem Problem der Ernährung in der Welt mit Hilfe der Polymerwissenschaft zu Leibe rücken werden. Hierbei werden die Fragen des „Geschmacks" und die Vorurteile, von denen ich bei den Chemiefasern schon andeutungsweise sprach, allerdings eine noch größere Rolle spielen: aber die alle Voraussagen früherer Jahre umstoßende Entwicklung der Chemiefaserstoffe gibt mir den Mut zu behaupten, daß nicht nur die ausreichende Kleidung, sondern auch die ausreichende Ernährung der Menschen gesichert werden kann. Dieser Mut ist gar nicht einmal so groß, denn unsere sozialistische Weltanschauung bedingt den Optimismus und die Sicherheit, daß die Menschen diese Probleme lösen werden. Wir gingen zugrunde, gelänge es uns nicht!

Lassen Sie mich nunmehr auf unser eigentliches Anliegen zurückkommen. Ich möchte unsere Freunde aus den sozialistischen Bruderländern, insbesondere unsere Kollegen aus der UdSSR, recht herzlich begrüßen; ich begrüße ebenso freundschaftlich unsere Gäste aus dem übrigen Ausland, und ich freue mich, daß sie alle die teilweise sehr weite Reise nicht gescheut haben, um nach Dresden zu kommen. Ich begrüße meine Fachkollegen aus der DDR, und ich danke allen besonders herzlich, die sich als Vortragende zur Verfügung stellten.

Mein Dank gilt aber auch ebenso den vielen Ungenannten und Unsichtbaren, die die organisatorischen Voraussetzungen zum hoffentlich guten Gelingen dieses Symposiums schufen.

Damit ist das 3. Internationale Chemiefaser-Symposium eröffnet.

Einfluß der Strukturänderungen in Chemiefaserstoffen[1] bei einigen Behandlungen auf ihre Eigenschaften

A. B. Pakšver und *L. S. Gerasimova*

Allunions-Forschungsinstitut für Synthesefasern, Kalinin/UdSSR

DK 677.014.86:677.494:677.021.125:677.494.061.3

Die Einflüsse der Spinnbedingungen und der Fadennachbehandlungen, wie Reckgeschwindigkeit, -verhältnis, -temperatur, Thermofixierung und Vernetzung, auf die Eigenschaften der Fäden, in der Hauptsache aus Synthesepolymeren, wie Polyamid, Polyester, Polyacrylnitril, Polypropylen und Polyvinylchlorid, werden anhand der Fadenrelaxation beim Plastifizieren sowie Quellen in Lösungsmitteln, der Dichte und der Zugänglichkeit der amorphen Bereiche, des Kristallisationsgrads und der Abmessungen der Strukturelemente mit dem Ziel besprochen, durch genaue Kenntnis, Möglichkeiten zur gezielten Qualitätsverbesserung der Chemiefasern aufzudecken.

Влияние структурных изменений химических волокон при некоторыых процессах обработки на изменение свойств волокон

Путем измерения релаксации волокон при пластификации, набухания их в растворителях, плотности и доступности аморфных участков, а также степени кристаллизации и размеров структурных элементов изучалось влияние условий формования и последующей обработки волокон (скорость, кратность и температура вытяжки, термофиксирование и сшивка) на их свойства. В качестве об"ектов изучения применялись, в основном, волокна из синтетических полимеров, как-то полиамидов, полиэфиров, полиакрилонитрила, полипропилена и поливинилхлорида. Целью исследований являлось точное установление возможностей направленного улучшения свойств химических волокон.

Effect of Structural Changes in Man-made Fibres during Various Treatments on the Fibre Properties

The effects of spinning and treating conditions, as speed, ratio and temperature of drawing, thermosetting and crosslinking, on the properties of fibres, particularly obtained from synthetic polymers, as polyamides, polyesters, polyacrylonitrile, polypropylene and polyvinylchloride, have been investigated to achieve controlled improvements of the quality of man-made fibres. The relaxation, swelling in solvents, density, accessibility of the amorphous regions, degree of crystallinity and dimensions of structural elements were determined.

Die Produktion von Chemiefasern entwickelt sich schnell, und den Ingenieuren und Wissenschaftlern, die in dieser Branche arbeiten, werden ununterbrochen neue Aufgaben gestellt. Noch vor einigen Jahren war eine dieser Aufgaben, die vor dieser Industrie standen, die Schaffung neuer faserbildender Polymerer und — auf ihrer Grundlage — neuer Fasern. In der gegenwärtigen Zeit, besonders unter Berücksichtigung der Möglichkeit einer Modifizierung der Fasern, ist diese Aufgabe im Grunde gelöst. Neue faserbildende Polymere, aber auch neue Spinnmethoden sind nur für die Schaffung von Fasern mit sehr speziellen Eigenschaften, z. B. mit erhöhter Thermostabilität, nötig.

Jetzt werden die Probleme zur Erhöhung der Qualität der Chemiefasern an erste Stelle gestellt. Neben den großen technischen und ökonomischen Vorzügen haben die Chemiefaserstoffe im Vergleich zu den Naturfasern einen ernsten Fehler — die ungleichmäßige Struktur, die in erster Linie ausschließlich mit den hohen Bildungsgeschwindigkeiten der Chemiefasern erklärt wird.

1. *Übermolekulare Struktur der Fasern*

Beim Spinnen aus der Lösung oder der Schmelze scheidet sich das Polymere als feste Phase aus, in der die Makromoleküle nicht fehlerfrei (isotrop) angeordnet sind, sondern verschiedene übermolekulare Strukturen bilden, die ausführlich in verschiedenen Monographien [1] beschrieben sind.

In Abhängigkeit vom Bau der Makromoleküle und von der Geschwindigkeit des Übergangs des Polymeren aus der Schmelze oder der Lösung in den festen Zustand kann die Struktur der Fasern amorph, kristallin oder gemischt amorph-kristallin sein. In letzterem Fall bestehen hochgeordnete, dichtere kristalline Bereiche und weniger geordnete, lockere amorphe Bereiche nebeneinander und gehen ineinander über.

Unter der Wirkung mechanischer Belastungen, z. B. bei einmaliger oder vielfacher Deformation, aber auch bei der Sorption verschiedener Dämpfe aus dem umgebenden Medium, bei der Quellung in Dämpfen oder Flüssigkeiten und beim Färben vollziehen sich in erster Linie Änderungen in den amorphen Bereichen der Faser: Strukturelemente ändern Form und Orientierung, polare Gruppen binden in unterschiedlichem Grade Farbstoffmoleküle und dergleichen mehr. Dabei ändern sich die kristallinen Bereiche unter äußeren Einwirkungen in geringerem Maße, indem sich ein Fasergerippe bildet und der Faser Festigkeit verleiht.

2. *Innere Spannungen*

Es gibt eine große Anzahl von Methoden zur Strukturuntersuchung der Fasern, die auf elektronenmikroskopischen, röntgenographischen, spektralen, optischen, dilatometrischen, thermomechanischen und anderen Meßmethoden der Abmessungen und der Orientierung der Kristallite, der allgemeinen Orientierung der Makromoleküle in der Faser, der Porosität, der Temperatur von Strukturänderungen und dergleichen mehr fußen. Diese Methoden sind ausführlich in einer Reihe von Monographien [2] beschrieben und gestatten, die wichtigsten physikalischen, mechanischen und chemischen Eigenschaften der Fasern während ihres Gebrauchs abzuschätzen. Dabei ist bisher eine der wichtigsten Eigenschaften der Chemiefasern, ihre Formbeständigkeit bei

[1]) Vorgetragen von *A. B. Pakšver* auf dem 3. Internationalen Chemiefasersymposium in Dresden am 4. Dezember 1970.

Wärmebehandlungen, Waschen, Behandlungen mit verschiedenen Flüssigkeiten und mechanischen Einwirkungen unzureichend untersucht worden.

Es ist bekannt, daß bei erhöhter Temperatur, Solvatation der polaren Gruppen oder bei Quellung die Wechselwirkungen zwischen den Makromolekülen und Strukturelementen in der Faser geschwächt werden. Infolgedessen erlangen die Strukturelemente einige Freiheit und trachten, aus dem gereckten und orientierten Zustand in eine thermodynamisch wahrscheinlichere Form überzugehen. Wenn sich dabei die Fasern im freien Zustand befinden, werden sie deformiert (schrumpfen) und ändern ihre mechanischen Eigenschaften. Wenn man aber bei den genannten Behandlungen die Fasern im gespannten Zustand hält, z. B. bei konstanter Länge, offenbaren sich in ihnen innere Spannungen, die zu großen Strukturänderungen und in einigen Fällen auch zum Zerreißen der Faser führen.

Auf dem 2. Internationalen Chemiefaser-Symposium in Berlin (DDR) im Jahre 1965 berichteten wir über die Ergebnisse der Untersuchung der inneren Spannungen verschiedener Chemiefasern mit Hilfe der isometrischen Meßmethode [3]. Es wurde gezeigt, daß es nach der Größe der maximalen inneren Spannung und der Temperatur, die der maximalen Spannung entspricht, möglich ist, über die Struktur der Ausgangsfasern und ihre Formbeständigkeit bei verschiedenen Behandlungen zu urteilen.

Offenbar gestattet eine Vergrößerung von T_{max} auf den isometrischen Kurven gleichfalls auf eine Erhöhung der Faserinstabilität zu schließen. Eine Relaxation der inneren Spannungen, d. h. eine Verringerung von σ_m muß die Schrumpfeigenschaft der Fasern erniedrigen; aber gleichzeitig ändern sich ihre mechanischen Eigenschaften, indem die Reißfestigkeit und der Elastizitätsmodul abnehmen sowie die Reißdehnung zunimmt.

3. *Methoden zur Festigung der Faserstruktur*

Für die Festigung der Faserstruktur und der Formstabilität der Fasern wurden verschiedene Methoden vorgeschlagen, die auf der Vergrößerung der Ausmaße der Strukturelemente und der Abnahme ihrer Beweglichkeit, d. h. auf der Verstärkung der intermolekularen Wechselwirkungen, basieren. Unter diesen Methoden können genannt werden: 1. Vergrößerung der Starrheit der makromolekularen Ketten durch Ersatz von biegsamen, z. B. aliphatischen Kettengliedern durch stärrere cyclische; 2. Schaffung festerer chemischer Bindungen zwischen den Makromolekülen (Vernetzung); 3. Verstärkung der intermolekularen Wechselwirkungen durch längere Wärme- oder Plastifizierungsbehandlung. Die letzte Methode ist offensichtlich einfacher und in der Praxis bequemer, weil sie den Herstellungsprozeß nicht stört und auf der Behandlung fertiger Fasern oder Produkte fußt.

Während der Wärme- oder Plastifizierungsbehandlung von Chemiefasern verlaufen komplizierte physikalische und Strukturprozesse, die in letzterer Zeit detailliert in einer Reihe Veröffentlichungen [4 bis 7) beschrieben wurden.

Diese Prozesse kann man in drei Stadien unterteilen:

1. Im ersten Stadium der Behandlung verringern sich die intermolekularen Wechselwirkungen unter der Einwirkung erhöhter Temperatur oder solvatisierender Stoffe. Deshalb nimmt die Biegsamkeit der Makromoleküle und die Beweglichkeit der Strukturelemente zu. Dieses Stadium der Behandlung wird fast augenblicklich durchlaufen und nur durch die Geschwindigkeit der Wärmeübertragung oder der Diffusionsprozesse begrenzt.

2. Im zweiten Behandlungsstadium wird die erhöhte Beweglichkeit der Strukturelemente realisiert, die im ersten Stadium erworben wurde. Dank der Verstärkung der Schwingungsbewegungen der makromolekularen Ketten nähern sich einzelne funktionelle Gruppen der Ketten von Zeit zu Zeit den Gruppen benachbarter Ketten auf atomare Abstände (2 bis 3 Å). Dabei bilden sich neue intermolekulare Bindungen, die unter den Bedingungen verstärkter Wärmebewegung sehr schwach sind. Die Anzahl dieser Bindungen wächst nach einem Gesetz, das für Kristallisationsprozesse charakteristisch ist, d. h., sie nimmt mit der Zeit, bei Erhöhung der Temperatur oder des Plastifizierungsgrads zu.

3. Im dritten Behandlungsstadium festigen sich die neuen Bindungen, die im zweiten Stadium erhalten wurden, dank der Abkühlung der Faser auf die Ausgangstemperatur oder des Auswaschens der Stoffe, die zu ihrer Plastifizierung verwendet wurden. Dieses Stadium der Behandlung wird, wie auch das erste, sehr schnell durchlaufen.

Dank der hier beschriebenen Prozesse bei der Wärme- oder Plastifizierungsbehandlung erfolgt eine Fixierung der Faserstruktur, und die Formbeständigkeit der Faser erhöht sich. Der Grad der Fadenfixierung wird gewöhnlich durch die Sorptionsgeschwindigkeit von Farbstoffen oder Jod gemessen, aber auch durch die Geschwindigkeit der Schrumpfung in siedendem Wasser oder in erhitzter Luft.

Soweit sich der Grad der Fixierung vergrößert, wächst der Kristallisationsgrad der Polymeren an, die befähigt sind zu kristallisieren, vergrößert sich die Durchschnittsgröße der Kristallite und anderer Strukturelemente, nimmt die Dichte der amorphen Bereiche zu und verringert sich ihr Anteil.

Wenn die Behandlung der Fasern im freien Zustand durchgeführt wird, relaxieren die inneren Spannungen (in erster Linie in den amorphen Bereichen) und die Strukturelemente werden desorientiert. Wenn aber die Behandlung der Fasern unter Konstanthaltung ihrer Länge erfolgt (unter Spannung), verringern sich die inneren Spannungen infolge eines teilweisen Übergangs der Strukturelemente in gleichmäßigere kristalline Formen. Die Fixiergeschwindigkeit wächst bei der Faserbehandlung in gespanntem Zustand an.

Im Ergebnis der hier beschriebenen Strukturumwandlungen erfolgen folgende Änderungen der physikalischen und mechanischen Eigenschaften der Fasern:

1. Die Formbeständigkeit der Fasern wächst. Bei heißen und feuchten Behandlungen der Fasern erniedrigt sich deshalb ihre Schrumpfung beim Erhitzen oder Waschen; der Elastizitätsmodul, die Kräuselung, die Volumeneigenschaften und die Knitterbeständigkeit bleiben im wesentlichen auf dem Ausgangsniveau.

2. Dank der Verdichtung der amorphen Bereiche verlangsamen sich alle Diffusionsprozesse und unter ihnen die Sorption von Farbstoffen, Wasserdampf, Jod und anderen Stoffen.

3. Bei der Behandlung der Fasern im gespannten Zustand ändert sich ihre Festigkeit und Reißdehnung gewöhnlich nicht; in einigen Fällen steigt die Festigkeit sogar etwas. Bei der Behandlung der Fasern im freien Zustand erniedrigt sich ihre Festigkeit, der Elastizitätsmodul verkleinert sich bedeutend, die Reißdehnung wächst an.

4. *Strukturfixierung der Chemiefasern*

In den letzten fünf Jahren wurden im Allunionsforschungsinstitut für Synthesefasern intensive Untersuchungen durchgeführt, die der Verfestigung der Strukturen in Polyamid-, Polyester-, Polyacrylnitril- und Polyvinylchloridfasern gewidmet waren.

Noch früher wurde gezeigt, daß beim Recken von KAPRON- (Polyamid-) Fäden:

1. Mit Zunahme des Quotienten der Reckung von $Z = 1{,}0$ (ungereckte Fasern) bis $Z = 3{,}6$ die Geschwindigkeit der Längenänderung sich bei der Quellung in 2%igem Phenol um das 5fache erniedrigt, der Diffusionskoeffizient des Phenols (D: 10^{10} cm²/s) aber 97mal [8]. Gleichzeitig verringert sich die Anfärbegeschwindigkeit dieser Fasern stark.

2. Bei thermischer Behandlung auch eine Abnahme der Geschwindigkeit der Faserlängenänderung und der Diffusionskoeffizienten von Phenol und Farbstoff beobachtet wird, um so deutlicher je höher die Temperatur oder je länger die Zeit der Behandlung waren [8].

Bei der Reckung frischersponnener Polyacrylnitrilfäden oder dem Trocknen bei 100 bis 120 °C wird der Farbstoffdiffusionskoeffizient 500- bis 1000mal verkleinert. Bei der Reckung und Trocknung von Viskosefasern oder -filmen beobachtet man analoge Erscheinungen [10].

Außerdem nimmt bei der Reckung und Trocknung von Viskosefasern die Desulfierungsgeschwindigkeit stark ab [11].

Systematische Untersuchungen der letzten Jahre waren hauptsächlich auf die Fixierung der Struktur synthetischer Fasern in ihrem Spinnprozeß oder bei den wesentlichsten Folgebehandlungen gerichtet.

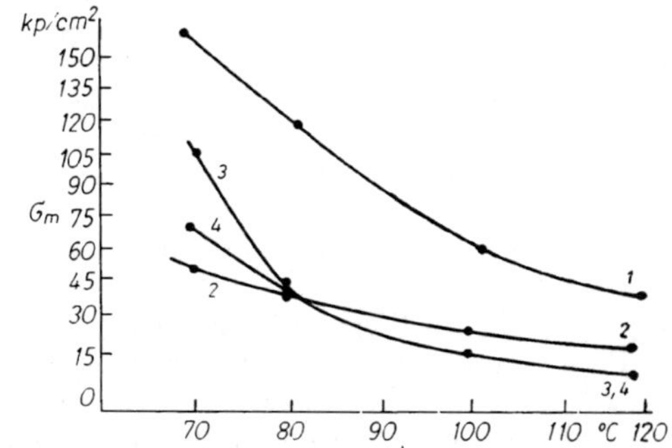

Bild 1. Einfluß der Zusammensetzung und der Temperatur des Spinnbades auf die Größe der inneren Spannungen σ_m beim Spinnen von PVC-Fäden [12]

1 — Badzusammensetzung 15% H_2O, 85% DMF
2 — Badzusammensetzung 50% Glykol, 50% DMF
3 — Badzusammensetzung 80% CH_3OH, 20% DMF
4 — Badzusammensetzung Isopropylalkohol

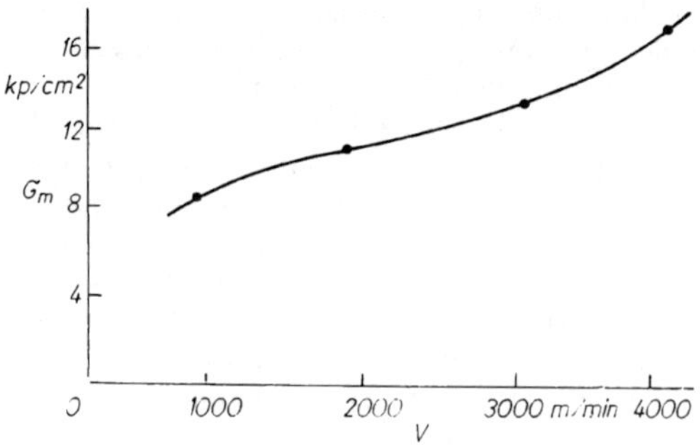

Bild 2. Einfluß der Spinngeschwindigkeit von Polypropylenfäden auf die Größe der inneren Spannungen σ_m ($T_m = 150$ °C) [13]

4.1. *Einfluß der Spinnbedingungen*

Es ist bekannt, daß die Zusammensetzung des Fällbades, die Temperatur und Spinngeschwindigkeit sowie besonders die Fadenspannung im Prozeß der Verfestigung des Spinnstrahles stark die Struktur der frischersponnenen Fäden beeinflußt. Eine Vergrößerung der Ausscheidungsgeschwindigkeit des festen Polymeren aus dem Strahl (Erniedrigung der Temperatur im Schacht beim Spinnen des Fadens aus der Schmelze, Verringerung der Lösungsmittelkonzentration im Fällbad, Verkleinerung der Aktivität des Fällmittels), aber auch eine Zunahme der Spinngeschwindigkeit und des Reckverhältnisses der Fäden im Bad vermehren die inneren Spannungen. Gleichzeitig wachsen der Kristallinitätsgrad und die Abmessungen der Kristallite sowie der Orientierungsgrad der Strukturelemente an.

Am Beispiel von Polyvinylchloridfäden [12] wurde gezeigt (Bild 1), daß mit zunehmender Stärke des Fällmittels im Bad die inneren Spannungen, die mit der isometrischen Methode gemessen wurden, anwachsen, aber mit Erhöhung der Temperatur sich verkleinern. Beim Spinnen von Polypropylenfäden zeigte sich auch eine Zunahme der inneren Spannungen bei Vergrößerung der Spinngeschwindigkeit [13] (Bild 2). Etwas komplizierter ist der Einfluß der rel. Molekülmasse des Polymeren. Beim Spinnen von Polyacrylnitrilfäden wurde gezeigt [14] (Bild 3), daß bei kleinen Reckverhältnissen mit zunehmender rel. Molekülmasse die inneren Spannungen in den Fäden abnehmen. Dies ist offensichtlich mit einer erschwerten Orientierung der

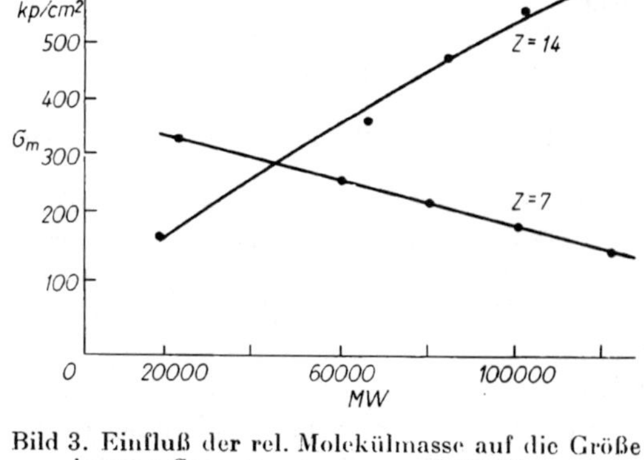

Bild 3. Einfluß der rel. Molekülmasse auf die Größe der inneren Spannungen σ_m von PVY-Fäden [14]

Makromoleküle großer Länge verbunden. Bei großen Reckverhältnissen wächst mit dem Anstieg der rel. Molekülmasse die innere Spannung (offenbar infolge der Verstärkung von Orientierungs- und Unterdrückung von Relaxationsprozessen).

Diese und zahlreiche andere Beobachtungen bestätigen, daß die Spinnbedingungen synthetischer Fasern starken Einfluß auf ihre Struktur und die inneren Spannungen haben und folglich auch auf die Formbeständigkeit der Fäden bei Wärme- und Plastifizierungsbehandlungen.

4.2. *Quotient und Geschwindigkeit der Reckung*

Noch früher wurde gezeigt [8 bis 11], daß eine Vergrößerung des Quotienten und der Geschwindigkeit der Reckung zur Verdichtung von lockeren Bereichen, zur Zunahme der Orientierung der Makromoleküle, des Kristallisationsgrades und der Kristallitabmessungen führt. Diese allgemeinen Thesen wurden mit einer Reihe von Beispielen völlig bestätigt.

Mit zunehmendem Reckverhältnis wächst die Größe der inneren Spannungen σ_m beim Recken von Polyamidfäden [15] (Bild 4), Polypropylenfäden [13] (Bild 5), LAVSAN- (Polyester-) fäden [16] (Bild 6) und Polyvinylchloridfäden [7] (Bild 7). Eine Vergrößerung der Reckgeschwindigkeit führt zu analogen Resultaten [18] (Bild 8). Gleichzeitig wachsen der Kristallisationsgrad (Bild 6), die Dichte der lockeren Bereiche, die charakterisiert werden durch die Größe T_{max} auf den isometrischen Kurven (Bild 7 und 8), und die Orientierung der Makromoleküle (Bild 7).

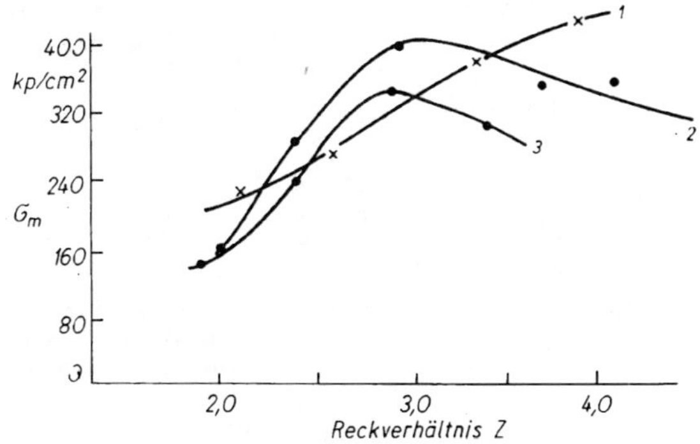

Bild 4. Einfluß des Reckverhältnisses Z von KAPRON-Seiden auf die Größe der inneren Spannungen σ_m [15]
1 — Reckung bei 25 °C
2 — Reckung bei 100 °C
3 — Reckung bei 150 °C

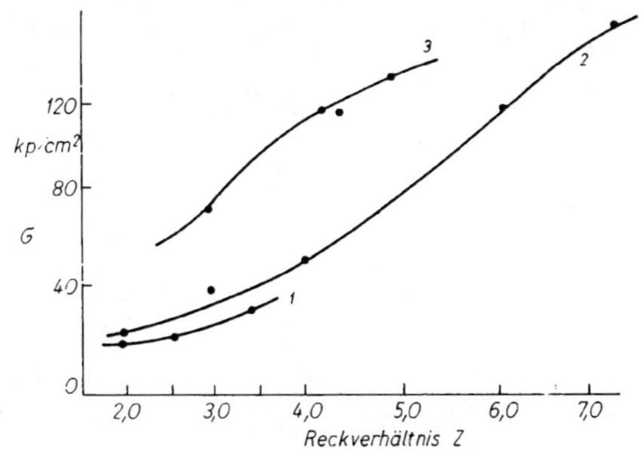

Bild 5. Einfluß des Reckverhältnisses Z von Polypropylenfäden auf die Größe der inneren Spannungen σ_m [13]
1 — Reckung bei 20 °C
2 — Reckung bei 100 °C
3 — Reckung bei 170 °C

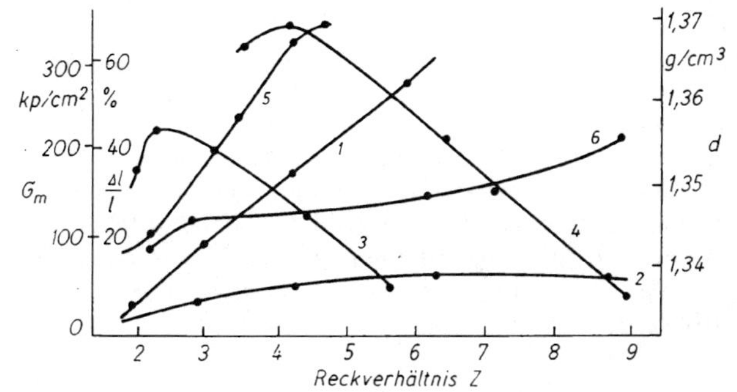

Bild 6. Einfluß des Reckverhältnisses Z auf die inneren Spannungen, Schrumpfung bei 140 °C ($\Delta l/l$ in %) und Dichte (d in g/cm³) von LAVSAN-Fäden [16]

1 — Innere Spannungen; Recktemperatur = 70 °C
2 — Innere Spannungen; Recktemperatur = 100 °C
3 — Schrumpfung ($\Delta l/l$); Recktemperatur = 70 °C
4 — Schrumpfung ($\Delta l/l$); Recktemperatur = 100 °C
5 — Dichte Recktemperatur = 70 °C
6 — Dichte Recktemperatur = 100 °C

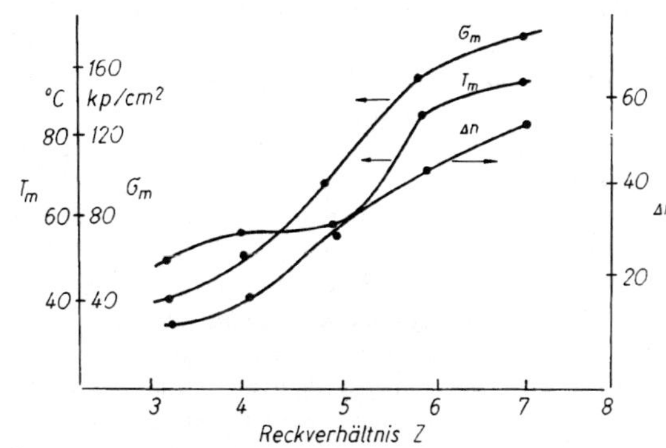

Bild 7. Einfluß des Reckverhältnisses Z auf die inneren Spannungen σ_m, die maximale Temperatur T_m bei der isometrischen Erwärmung und auf die Strahlendoppelbrechung Δn von PVC-Fäden [17]

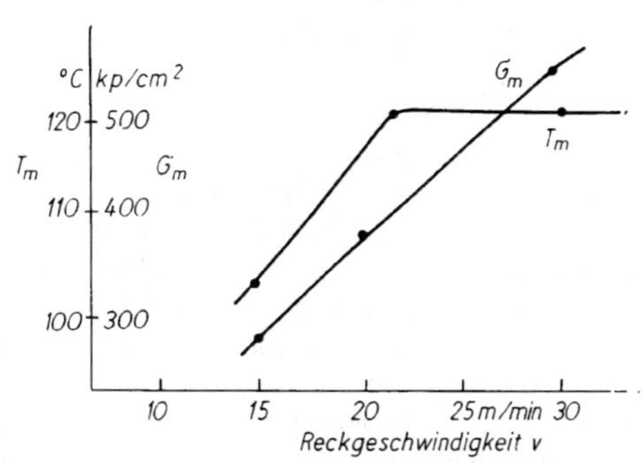

Bild 8. Einfluß der Reckgeschwindigkeit auf die inneren Spannungen σ_m und auf T_m von PVY-Fäden [18]

Der Einfluß der Recktemperatur (siehe auch 4.3) ist von komplizierterer Art. Mit zunehmender Temperatur verringern sich die intermolekularen Wechselwirkungen. Das führt zur Erleichterung sowohl von Orientierungs- als auch von Desorientierungsprozessen. Deshalb können bei Erhöhung der Recktemperatur mit dem Anwachsen des Reckverhältnisses die inneren Spannungen zunehmen (Bild 5), abnehmen (Bild 4) oder durch ein Maximum führen (Bild 4). Durch dieselbe Ursache kann auch die thermische Schrumpfung gereckter Fäden bei Erhöhung der Recktemperatur mit Zunahme des Reckverhältnisses anwachsen, sich verkleinern oder durch ein Maximum führen (Bild 6).

So haben die Reckbedingungen starken Einfluß auf die Faserstruktur, in erster Linie auf die Dichte der lockeren Bereiche, den Kristallisationsgrad, die Kristallitabmessungen und die Orientierung der Strukturelemente. Diese Änderungen beeinflussen die Geschwindigkeit von Diffusionsprozessen und die physiko-mechanischen Eigenschaften der Fäden.

4.3. *Einfluß der Recktemperatur*

Der Einfluß der Recktemperatur wurde in 4.2 (siehe Bild 4, 5 und 6) erwähnt. Ausführlichere Angaben über den Temperatureinfluß bei der Reckung von LAVSAN- [16], Polypropylen- [15] und Polyacrylnitrilfäden [18] sind in den Bildern 9, 10 und 11 angeführt. Aus diesen Abbildungen ist ersichtlich, daß mit wachsender Temperatur beim Recken mit konstantem Quotienten Z die Größe der inneren Spannungen σ_m sich vergrößern, durch ein Maximum gehen (Bild 9 und 10) oder sich verkleinern kann (Bild 11). Der Kristallisationsgrad durchläuft ein Maximum bei der Reckung von starrkettigen Polymeren (Bild 9) oder nimmt ab bei der Reckung von Polymeren biegsamer Ketten (Bild 10); die Schrumpfung in siedendem Wasser wächst (Bild 9) oder verringert sich (Bild 10) entsprechend, die Dichte der lockeren Bereiche vergrößert sich (Bild 11) und der Kraftaufwand beim Recken nimmt ab (Bild 9). Die Fadenfestigkeit durchläuft ein Maximum, das vom Gleichgewicht zwischen den Orientierungs- und Desorientierungsprozessen der Strukturelemente abhängt.

Somit hat die Temperatur im Reckprozeß im wesentlichen Einfluß auf das Gleichgewicht der Prozesse Orientierung—Desorientierung, und eine kurzzeitige Temperaturerhöhung kann zur Vergrößerung oder Verkleinerung der Festigkeit, Schrumpfbarkeit und Kristallinität der Fäden führen; sie führt jedoch unter allen Bedingungen zur Verdichtung der lockeren Bereiche, d. h. zur Verlangsamung der Diffusionsprozesse.

4.4. *Längere Wärmebehandlung (Thermofixierung)*

Längere Wärmebehandlung oder Plastifizierungsbehandlung der Fäden unterscheiden sich aber prinzipiell von solchen kurzzeitigen Behandlungen, die unter 4.3 beschrieben wurden. Bei einer längeren Behandlung vergrößern sich im wesentlichen die Intensität der intermolekularen Wechselwirkungen, der Kristallisationsgrad und die Abmessungen der Kristallite, und die Struktur in den lockeren Faserbereichen verfestigt sich. Die Relaxationsprozesse, die für eine kurzzeitige Behandlung charakteristisch sind, treten bei einer längeren Einwirkung auf die Faser in den Hintergrund.

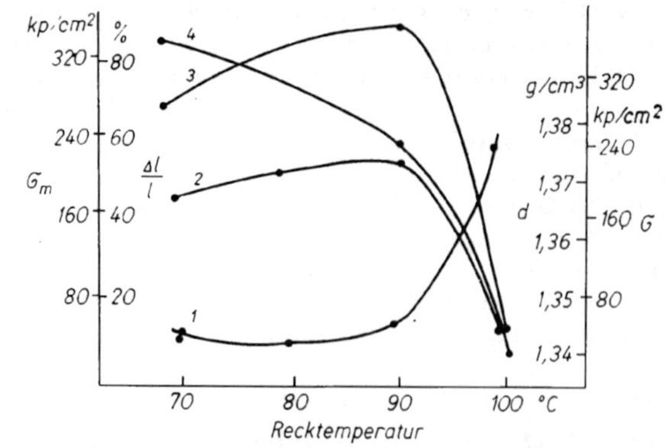

Bild 9. Einfluß der Recktemperatur (Verhältnis $Z = 5$) auf die Reckkraft σ, die inneren Spannungen σ_m, die Schrumpfung $\Delta l/l$ (%) und die Dichte d (g/cm³) von LAVSAN-Fäden [16]
1 — Schrumpfung in siedendem Wasser
2 — Dichte
3 — innere Spannungen
4 — Reckkraft

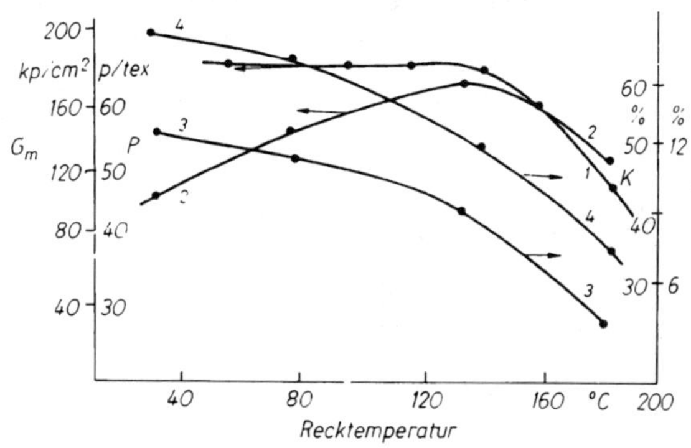

Bild 10. Einfluß der Recktemperatur ($Z = 5{,}2$) auf die Festigkeit, die Schrumpfung in siedendem Wasser, innere Spannungen und Kristallisationsgrad von Polypropylenfäden [19]
1 — innere Spannungen
2 — Festigkeit
3 — Schrumpfung
4 — Kristallinität

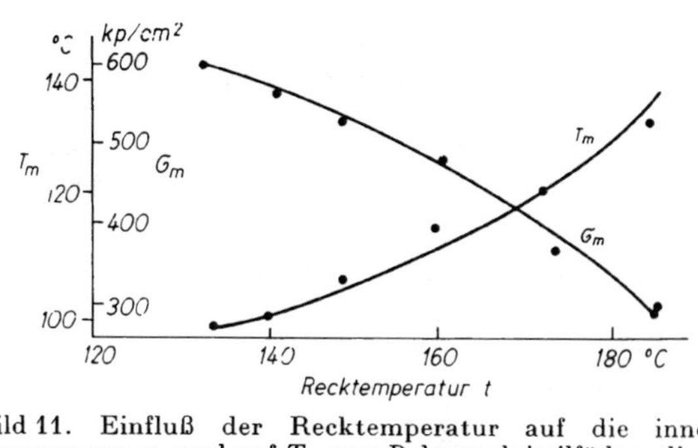

Bild 11. Einfluß der Recktemperatur auf die inneren Spannungen σ_m und auf T_m von Polyacrylnitrilfäden, die mit der isometrischen Methode gemessen wurden [18]

Deshalb vergrößert sich bei einer längeren Faserbehandlung (Fixierung) die Formstabilität der Fasern. Beim Gebrauch dieser Erzeugnisse bleiben in einem hohen Maße die Ausgangslänge und die mechanischen Ausgangskennziffern des Fadens erhalten: die Schrumpfung in siedendem Wasser oder erhitzter Luft verkleinert sich, die Thermostabilität und der Elastizitätsmodul der Faser wachsen.

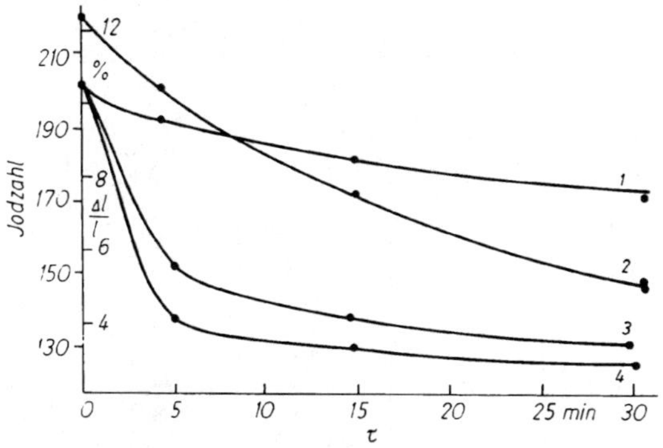

Bild 12. Kinetik der Schrumpfung $\Delta l/l$ und der Strukturverdichtung (Jodzahl) glatter KAPRON-Fäden [20]
1 — Schrumpfung, Behandlung mit Wasserdampf bei 105 °C
2 — Schrumpfung, Behandlung mit Wasserdampf bei 115 °C
3 — Jodzahl, Behandlung mit Wasserdampf bei 105 °C
4 — Jodzahl, Behandlung mit Wasserdampf bei 115 °C

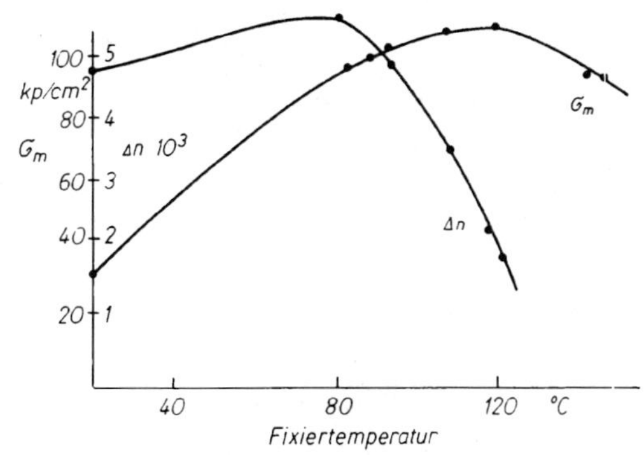

Bild 14. Einfluß der Thermofixierungstemperatur auf die inneren Spannungen σ_m und die Strahlendoppelbrechung Δn von PVC-Fäden [17]

Gleichzeitig verlangsamen sich die Sorptionsprozesse; insbesondere die Anfärbegeschwindigkeit und die Jodsorption verringern sich. Die Menge des unter gegebenen Bedingungen sorbierten Jods („Jodzahl") und die Lösegeschwindigkeit in ausgewählten Lösemitteln („Lösezeit") werden oft für die Bewertung des Fixiergrades des Fadens benutzt.

Wenn eine Fadenbehandlung im freien Zustand erfolgt, verlaufen im ersten Moment Relaxationsprozesse, die typisch für kurzzeitige Behandlungen sind (siehe 4.3). Wenn aber diese Fadenbehandlung im gespannten Zustand geschieht, dann finden keine Relaxationsprozesse statt, oder sie erscheinen in unbedeutendem Maße.

Längere Wärmebehandlungen von Polyamidfäden führen zu Strukturänderungen, die analog der Kristallisation der Polymeren sind. Diese Änderungen werden in erster Näherung durch eine kinetische Gleichung erster Ordnung mit der Aktivierungsenergie $E = 20$ bis 22 kcal/mol [20] beschrieben.

Die Fadenschrumpfung in siedendem Wasser und die Jodzahl (Ordnungsgrad der amorphen Bereiche) werden umso schneller verringert (Bild 12), je höher die Temperatur ist. Mit wachsendem Fixiergrad (Erniedrigung der Jodzahl) wird die Schrumpfung des Fadens gesetzmäßig unabhängig von der Dauer oder der Temperatur des Fixierens verkleinert. Das erlaubte ein Nomogramm aufzustellen (Bild 13), das den Fixiergrad mit der Fadenschrumpfung verbindet und das für eine praktische Nutzung geeignet ist und nicht von den Behandlungsparametern abhängt.

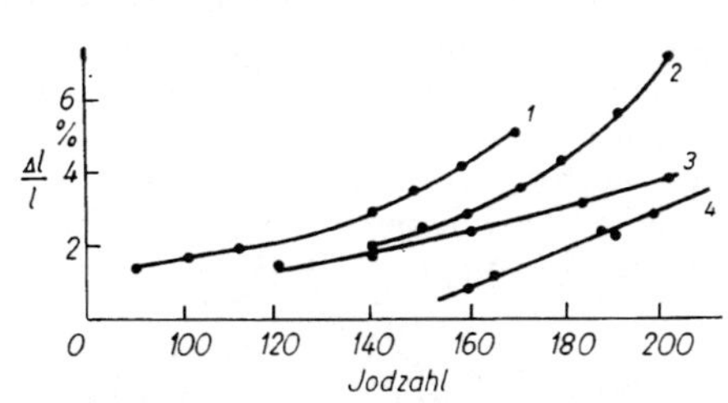

Bild 13. Nomogramm, das den Zusammenhang zwischen Thermofixiergrad (Jodzahl) und Schrumpfung von KAPRON-Seiden in siedendem Wasser $\Delta l/l$ charakterisiert [20]
1 — Fixierung im Wasserdampf } glatte Seide
2 — Fixierung in trockener Luft }
3 — Fixierung im Wasserdampf } voluminöse Seide
4 — Fixierung in trockener Luft }

Aus dem Nomogramm von Bild 13 ist ersichtlich, daß bei gleichem Fixiergrad eine Fadenbehandlung in trockener Luft zu einer bedeutenderen Abnahme der Schrumpfung führt, als eine Behandlung in Wasserdampf. Das gilt auch für voluminöse Fäden, die bei gleichem Fixiergrad eine geringere Schrumpfbarkeit haben als glatte Fäden.

Analoge Werte wurden für Polyacrylnitrilfasern erhalten [21]. In diesem Falle wächst auch der Fixiergrad mit zunehmender Zeit und Temperatur der Behandlung, die Fixierung der Struktur erfolgt im Wasser schneller (bei gleicher Temperatur) als in trockener Luft.

Zwischen der Schrumpfbarkeit und dem Fixiergrad von PVY-Fäden existiert dieselbe Abhängigkeit wie für KAPRON-Seiden (Bild 13). Etwas komplizierter verläuft der Thermofixierungsprozeß bei der Behandlung von PVC-Fäden (Bild 14). Dank der Thermoplastizität des Polyvinylchlorids selbst bei Behandlung der PVC-Fäden im gespanntem Zustand bei Temperaturen oberhalb von 80 bis 100 °C werden Relaxationsprozesse und ein Fließen des Fadens beobachtet.

Die angeführten Werte bestätigen, daß eine Erhöhung der Dauer und der Temperatur der Thermofixierung (besonders in Mitteln, die eine Solvatation der polaren Gruppen hervorrufen) die Formstabilität der Fäden steigern können. Dabei ist es jedoch nötig, eine starke Abnahme der Anfärbegeschwindigkeit der Fäden mit wachsendem Thermofixiergrad zu berücksichtigen [8].

4.5. *Bildung von chemischen Querbindungen*

Wie schon gesagt wurde, könnte eine erhöhte Formstabilität der Fäden außer durch eine Wärme- oder Plastifizierungsbehandlung mit Hilfe von Stoffen erreicht werden, die zwischen den Makromolekülen chemische Bindungen (Vernetzungen) bilden. Dieser Weg zur Vergrößerung der Formstabilität der Fäden wurde noch nicht genügend untersucht und wird selten angewendet. Es wurde eine bedeutende Erhöhung der Formstabilität (Knitterfestigkeit) von Viskosefäden bei ihrer Behandlung mit Aldehyden [22], eine Verbesserung der Formstabilität (Wärmebeständigkeit)

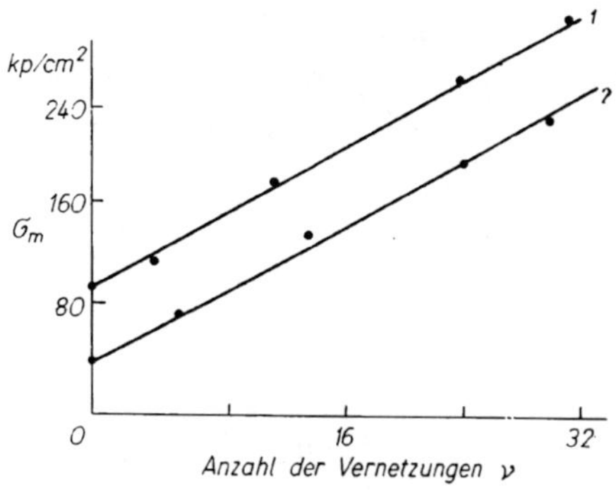

Bild 15. Abhängigkeit der Größe der inneren Spannungen σ_m in Polyamidfäden von der Anzahl der Vernetzungen ν (berechnet nach der Formel (1) [24, 25]
1 — Behandlung 3 h in 3% Phenol
2 — Behandlung 4 h in 4% Phenol

bei der Behandlung von Polyamidfäden mit Aldehyden, Diisocyanaten und anderen vernetzenden Agenzien [23] und eine Formbeständigkeit (Schrumpfung in 3- und 4%igem Phenol) bei der Behandlung von Polyamidfäden mit denselben Stoffen [24] gezeigt.

In allen Fällen vergrößert sich gleichzeitig mit dem Anwachsen der Formstabilität die innere Spannung σ_m, die mit der isometrischen Methode gemessen wurde.

Für Polyamidfäden, die mit unterschiedlichen bifunktionellen Verbindungen vernetzt wurden, ist es gelungen, nach der Größe ihrer Schrumpfung in wäßrig-phenolischen Lösungen und der Größe der inneren Spannungen die Anzahl der Querbindungen zu berechnen nach der Formel [25]:

$$\nu = \frac{F}{kT\left(\frac{l}{l_0} - \frac{l_0^2}{l^2}\right)}, \qquad (1)$$

wobei ν die Zahl von Querbindungen in 1 cm³ Volumen des Polymeren,
F die Kraft zur Verkürzung der gequollenen Faser in dyn,
l_0 die Anfangslänge der Probe,
l die Länge der gleichen Probe nach der Quellung in wäßrig/phenolischer Lösung,
k die *Boltzmann*-Konstante und
T die absolute Temperatur in °K

sind.

Bild 15 zeigt die direkte lineare Zunahme der inneren Spannung mit anwachsender Zahl von Querbindungen zwischen den Makromolekülen der Polyamidfäden [29]. Gleichzeitig wächst mit steigender Zahl der Querbindungen auch die Formbeständigkeit dieser Fäden (es verringert sich ihre Schrumpfung).

Es ist möglich, daß künftig eine Faserbehandlung mit vernetzenden Agenzien einer der Grundwege zur Steigerung der Formstabilität ist.

4.6. *Strukturänderungen, die bei der Fadenbehandlung entstehen*

Oben wurden experimentelle Angaben (Bilder 1 bis 15) über die Strukturänderungen der Fäden bei kurzzeitigen oder längeren Wärme-, Plastifizierungs- und chemischen Behandlungen unterschiedlicher Fäden angeführt.

Tabelle 1. Strukturänderungen von Polypropylenfäden, die unter verschiedenen Bedingungen erhalten wurden

Nr.	Spinngeschwindigkeit v m/min	Reckverhältnis Z	Recktemperatur °C	Schrumpfung bei 140 °C %	δ Å³
1	200	8	120	44,3	2830
2	350	6	120	38,4	3180
3	350	5	25	44,6	3350
4	350	5	80	48,3	3350
5	350	5	130	38,3	3620
6	650	3	120	26,8	3500
7	350	5	80	29,5	5000
8	350	5	80	27,4	8050
9	350	5	80	6,5	9600
10	350	5	80	44,4	3570

Anmerkungen: 1 bis 6 ohne thermische Behandlung
7 — 100 °C, 10 min, ohne Spannung
8 — 120 °C, 10 min, ohne Spannung
9 — 120 °C, 20 min, ohne Spannung
10 — 120 °C, 10 min, unter Spannung

In einer gemeinsamen Arbeit mit *G. N. Mol'kova* und *D. V. Fil'bert* wurde der Versuch unternommen, die dabei entstehenden Strukturänderungen abzuschätzen. Dafür wurde die Kinetik der Schrumpfung von Polypropylenfäden gemessen, die unter verschiedenen Reckverhältnissen Z erhalten und bei unterschiedlichen Temperaturen T sowie verschiedenen Fadenbelastungen behandelt wurden.

Mit Hilfe einer von *A. Rybnik* [4] vorgeschlagenen Formel wurden die Abmessungen der Strukturelemente δ (Å³) berechnet, die bei der Schrumpfung von Polypropylenfäden bei Behandlung mit heißer Luft beobachtet wurden.

Die Angaben der Tabelle 1 zeigen, daß eine Zunahme der Spinngeschwindigkeit der Polypropylenfäden sich wenig in der Größe der Strukturelemente δ widerspiegelt. Eine kurzzeitige Temperaturerhöhung bei der Reckung der Fäden führt zu einer geringfügigen Vergrößerung der Abmessungen der Strukturelemente. Tiefere Strukturänderungen werden bei längerer Erwärmung (Fixierung)der Fäden beobachtet, besonders, wenn die thermische Fadenbehandlung im freien Zustand durchgeführt wird. In diesem Fall vergrößert sich nach 20 min Erwärmung der Polypropylenfäden auf 120 °C die Abmessung des Strukturelements um das 3,5fache. Gleichzeitig wird die Schrumpfung der Fäden bei 140 °C um das 6,0- bis 6,5fache erniedrigt.

So gestattet es eine längere Thermofixierung, den Fäden praktisch schrumpffreie Eigenschaften zu verleihen.

Literatur

[1] Siehe z. B.:
Kargin, V. A., und *Slonimskij, G. L.*: Kurze Grundrisse über die Physikochemie der Polymeren (in Russ.). 2. Aufl. Moskva: Chimija 1967.
Hearle, J. W. S.: Struktur der Chemiefasern. Übersetzung aus dem Englischen (in Russ.). Moskva: Chimija 1969.

Frenkel', *S. Ja.*: Ergänzungen zum Buch von *Dzejlja, F. Ch.*: Polymere Einkristalle (in Russ.). Moskva: Chimija 1968.
Sapko, S. P.: Verarbeitung von Polymeren über die Lösung (in Russ.). Moskva: Chimija 1970.

[2] Siehe z. B.:
Statton, W. O.: The orientation of molecules in fibers. J. Polymer Sci., C: Polymer Symposia (1967) 20, S. 117—144 (unter der Redaktion von *B. Ke*).
Statton, W. O.: Neuere Methoden der Polymeruntersuchung. Übersetzung aus dem Englischen (in Russ.). Moskva: Mir 1966.
Statton, W. O.: daselbst S. 188.
Wallach, M. L.: Light scattering from polymer films. J. Polymer Sci., C: Polymer Symposia (1966) 18, S. 69—93.

[3] *Pakšver, A. B.*: und *Gerasimova, L. S.*: Untersuchung der übermolekularen Struktur von Chemiefaserstoffen. Abh. dt. Akad. Wiss. Berlin, Kl. Chemie, Geologie u. Biologie (1965) 3, S. 91—102.

[4] Wärmebehandlung von Polyamidfäden:
Ribnick, A.: Thermal shrinkage of oriented nylon 66 yarn as a function of time, temperature, and stress. Textile Res. J. **39** (1969) 5, S. 428—434.
Ribnick, A.: Thermal shrinkage of an oriented polyester yarn as a function of time, temperature, and stress. Textile Res. J. **39** (1969) 8, S. 742—748.
Dismore, P. F., und *Statton, W. O.*: Chain folding in oriented 66-nylon fibers. J. Polymer Sci., B: Polymer letters **2** (1964) S. 1113—1116.
Dismore, P. F., und *Statton, W. O.*: Chain folding in oriented 66-nylon fibers. J. Polymer Sci., C: Polymer Symposia (1966) 13, S. 133—148.
Prevorsek, D., und *Tobolsky, A.*: Determination of nonflow shrinkage ratio in oriented fibers. Textile Res. J. **33** (1963) 10, S. 795—802.
Jacobs, M. J., *Rebenfeld, C.*, und *Taylor, H. S.*: Kinetics of concentration of drawn nylon 66 in aqueous phenol. J. appl. Polymer Sci. **13** (1969) S. 427—436.
Jacobs, M. J.: Role of hydrophobic bonding in the concentration of nylon 66 in phenolic solutions. J. appl. Polymer Sci. **13** (1969) S. 1191—1199.
Buchanan, D., und *Dumbleton, J.*: Effect of annealing conditions on the structure of drawn nylon 66 yarn. J. Polymer Sci., A-2: Poylmer Physics **7** (1969) 1, S. 113—121.
Statton, W. O.: Rate of recrystallization of polyethylene single crystals. J. appl. Physics **32** (1961) 11, S. 2332—2334.
Buchanan, D. R., und *Müller, R. C.*: X-ray line broadening in isotactic polystyrene. J. appl. Physics **37** (1966) 11, S. 4003—4012.

[5] Wärmebehandlung von Polyesterfäden:
Kuriyama, J., und *Shirakashi, K.*: Untersuchungen über die thermischen Eigenschaften von heißverstreckten Polyäthylenterephthalatfasern. 3. Sen-i-Gakkaishi (J. Soc. Fiber Sci. Technol, Japan) **20** (1964) S. 525—534.
Andrews, R. D., und *Kimmel, R. M.*: Birefringence effects in acrylonitrile polymers. I. Effects at different temperatures. J. appl. Physics. **35** (1964) S. 3194—3202.
Ribnick, A.: The thermal shrinkage of an oriented yarn as a function of time, temperature, and stress. Textile Res. J. **39** (1969) S. 742—748.
Dumbleton, J. H., und *Bowles, B. B.*: X-ray determination of crystallinity and orientation in poly(ethylene terephthalate). J. Polymer Sci., A-2: Polymer Physics **4** (1966) S. 951—958.
Dumbleton, J. H.: Influence of crystallinity and orientation on sonic velocity and birefringence in poly(ethylene terephthalate) fibers. J. Polymer Sci., A-2: Polymer Physics **6** (1968) S. 795—800.
Dumbleton, J. H.: Chain folding in oriented poly(ethylene terephthalate). J. Polymer Sci., A-2: Polymer Physics **7** (1969) S. 667—674.

[6] Wärmebehandlung von Polyolefinfäden:
Fuchino, K., und *Nakamichi, H.*: Studies of thermal stress with textile materials. Pt. 1. Sen-i-Gakkaishi (J. Soc. textile Cellulose Ind., Japan) **20** (1964) 2, S. 67—75.

[7] Wärmebehandlung von Polyacrylnitrilfäden:
Egbers, G., und *Wegener, W.*: Polymer Engng. Sci. **9** (1969) S. 370.
Wegener, W., und *Egbers, G.*: Zusammenhang zwischen den dynamometrischen Eigenschaften und der Struktur eines vorbehandelten Polyamid-6-Monofils. Chemiefasern **16** (1966) S. 396—406; 488—498; 561—568; 632—637; 720—727; 814—822.
Wegener, W., und *Egbers, G.*: Mechanisch-technologische Eigenschaften und Struktur eines unbehandelten und eines thermisch behandelten Polyacrylnitril-Copolymerisates. Z. ges. Textilind. **68** (1966) S. 502—508; 589—595; 689—694; 696, 698, 700; 790—798; 864—871.

[8] *Mankaš, E. K.*, und *Pakšver, A. B.*: Längenänderung der Polyamidseide im wäßrigen Phenolmedium. Ž. prikl. Chimii (Z. angew. Chemie) **26** (1953) S. 830—834.
Mankaš, E. K., und *Pakšver, A. B.*: Koeffizient der inneren Diffusion im wäßrigen Phenolmedium. Ž. prikl. Chimii (Z. angew. Chemie) **26** (1953) S. 835—839.
Mankaš, E. K., und *Pakšver, A. B.*: Das Färben der Polyamidfaser mit sauren Farbstoffen. Ž. prikl. Chimii (Z. angew. Chemie) **26** (1953) S. 975—981.
Mankaš, E. K., und *Pakšver, A. B.*: Der Einfluß des pH-Wertes des Mediums auf das Färben der Polyamidfaser. Ž. prikl. Chimii (Z. angew. Chemie) **26** (1953) S. 1200—1204.
Pakšver, A. B., und *Mankaš, E. K.*: Die Geschwindigkeit der Sorpion von Phenolen durch Polyamidfasern. Ž. prikl. Chimii (Z. angew. Chemie) **27** (1954) S. 182—188.
Pakšver, A. B., *Mankaš, E. K.*, und *Kukonkova, A. J.*: Dehnung und Schrumpfung von Polyamidseide in Phenol-Wassergemischen. Tekstil Prom., Moskva (Textil-Ind.) **11** (1951) 6, S. 15—16.
Pakšver, A. B., *Mankaš, E. K.*, und *Kukonkova, A. J.*: Beurteilung der strukturmäßigen Ungleichheiten von Kunstfasern. Tekstil. Prom., Moskva (Textil-Ind.) **11** (1951) 11, S. 13—15.
Siehe auch:
Mankaš, E. K., und *Pakšver, A. B.*: Die Diffusion von Phenol in Polyamidfolien und -fasern. Kolloid. Ž., Moskva **16** (1954) 6, S. 451—454.
Mjagkov, V. A., und *Pakšver, A. B.*: Die Kinetik der Sorption von Salzsäure durch Polyamidfasern. Kolloid. Ž., Moskva **17** (1955) 2, S. 120—123.
Pokrovskij, L. J., und *Pakšver, A. B.*: Veränderung der intermolekularen Struktur der KAPRON-Faser durch Wärmebehandlung. Kolloid. Ž., Moskva **19** (1957) 4, S. 478—482.
Poprovskij, L. J., und *Pakšver, A. B.*: Izv. vysšich Zav. Technol. tekstil. Prom. (Hochschulnachr. Technol. Textil-Ind.) (1958) 6, S. 95.

[9] *Geller, A. A.*, und *Pakšver, A. B.*: Untersuchung des Färbeprozesses der Polyacrylnitrilfaser. Mitt. 1. Chim. Volokna (Chem. Fasern) **1** (1959) 6, S. 15—17.
Geller, A. A., und *Pakšver, A. B.*: Das Färben der Polyacrylnitrilfaser in Gegenwart von einwertigem Kupfer. Chim. Volokna (Chem. Fasern) (1960) 3, S. 19—21.
Geller, A. A., und *Pakšver, A. B.*:Einfluß der Struktur und Zahl der Endgruppen des Polymeren auf das Färben der Polyacrylnitrilfaser. Chim. Volokna (Chem. Fasern) (1961) 1, S. 17—18.

[10] *Pakšver, A. B.*, und *Frolov, S. S.*: Das Schrumpfen von Stapelfasergeweben. Tekstil. Prom., Moskva (Textil-Ind.) **14** (1954) 7, S. 41—44.
Pakšver, A. B., *Frolov, S. S.*, und *Chalabrin, Ja.*: Einfluß der Feuchtigkeit auf das Einlaufen von Stapelfasergeweben. Tekstil. Prom., Moskva (Textil-Ind.) **15** (1955) 3, S. 39—34.
Pakšver, B. A., *Frolov, S. S.*, und *Skorochodova, Z. A.*: Der Einfluß der Belastung auf die Krumpfung bei Zellwollgewebe. Tekstil. Prom., Moskva (Textil-Ind.) **15** (1955) 10, S. 45—46.
Pakšver, A. B., und *Bykova, I. V.*: Diffusion verschiedener Stoffe durch Hydratcellulosefilme. Kolloid. Ž., Moskva **16** (1954) 5, S. 381—386.

[11] *Finger, G. G.*, *Pakšver, A. B.*, und *Mogilevskij, E. M.*: Einfluß der Struktur der Viskosefaser auf die Geschwindigkeit der Entfernung des Schwefels aus der Faser. Izv. vysšich. Zav. Chimija chim. Technol. (Hochschulnachr. Chemie chem. Technologie) **2** (1959) 2, S. 258—262.

[12] *Alekseeva, V. M., Fichman, V. D., Gerasimova, L. S.*, und *Pakšver, A. B.:* Sammelband „Fasern aus Kohlenstoffketten" (in Russ.). Moskva: Chimija 1966, S. 218.

[13] *Sucharev, N. I., Mežirova, S. Ja., Lavrov, B. B., Fil'bert, D. V.*, und *Pakšver, A. B.:* Chim. Volokna (Chem. Fasern) **12** (1970) 6, im Druck.

[14] *Gerasimova, L. S., Polatovskaja, R. A., Pakšver, A. B.*, und *Pantaev, V. A.:* Mech. Polimerov, Riga (Mech. d. Polymeren) (1968) 5, S. 943.

[15] *Gerasimova, L. S., Makedonova, Z. I., Caplin, B. A., Archipova, L. M.*, und *Pakšver, A. B.:* Sammelband „Fasern aus synthetischen Polymeren" (in Russ.). Moskva: Chimija 1970, S. 274.

[16] *Gerasimova, L. S., Geller, V. Ė., Pakšver, A. B., Vysockaja, Z. P.*, und *Caplin, B. A.:* Chim. Volokna (Chem. Fasern) (1968) 3, S. 47-

[17] *Gerasimova, L. S., Fichman, V. D., Alekseeva, V. M.*, und *Pakšver, A. B.:* Sammelband „Fasern aus Kohlenstoffketten" (in Russ.). Moskva: Chimija (1966) S. 231.

[18] *Polatovskaja, K. A., Pakšver, Ė. A., Pakšver, A. B., Gerasimova, L. S.*, und *Pantaev, V. A.:* Sammelband „Synthetische Fasern" (in Russ.). Moskva: Chimija 1969, S. 120.

[19] *Mežirova, S. Ja., Fil'bert, D. V., Gerasimova, L. S., Lavrov, B. B.*, und *Pakšver, A. B.:* Sammelband „Fasern aus synthetischen Polymeren" (in Russ.). Moskva: Chimija 1970, S. 149.

[20] *Pakšver, A. B., Loščinina, G. A.*, und *Manveljan, V. P.:* Abhängigkeit des Schrumpfens von KAPRON-Faserstoffen vom Thermofixiergrad. Tekstil. Prom., Moskva (Textil-Ind.) **25** (1965) 6, S. 57—60; dt. in: Sowj. Beitr. Faserforsch. Textiltechnik **2** (1965) 11, S. 586 bis 588.
Pakšver, A. B., und *Manveljan, V. P.:* Einfluß von Relaxation und Spannung auf den Thermofixiergrad und die physikalisch-mechanischen Eigenschaften von KAPRON-Seidengewirken. Tekstil. Prom., Moskva (Textil-Ind.) **26** (1966) 8, S. 51—65.
Manveljan, V. P., und *Pakšver, A. B.:* Wärmebehandlung von Gewirken aus texturierten KAPRON-Seiden GOFRON und ELASTIK. Tekstil. Prom., Moskva (Textil-Ind.) **27** (1967) 5, S. 66—70.

[21] *Golovanova, N. A.*, und *Pakšver, A. B.:* Thermofixieren von NITRON-Hochbauschgarn und -Maschenware. Tekstil. Prom., Moskva (Textil-Ind.) **28** (1968) 6, S. 49—51; dt. in: Sowj. Beitr. Faserforsch. Textiltechnik **5** (1968) 11, S. 593—594.
Golovanova, N. A., und *Pakšver, A. B.:* Sammelband „Fasern aus synthetischen Polymeren" (in Russ.). Moskva: Chimija 1970.

[22] *Gerasimova, L. S.*, und *Pakšver, A. B.:* Bildungsmechanismus von Querverbindungen in Hydratcellulosefasern. Chim. Volokna (Chem. Fasern) **4** (1962) 6, S. 22—25.

[23] *Speranskij, A. A., Pakšver, A. B.*, und *Charitonov, V. M.:* Untersuchung des Thermostabilisierungsvorganges von Polycaprolactamfäden. Chim. Volokna (Chem. Fasern) **9** (1967) 1, S. 31—34.
Speranskij, A. A., Pakšver, A. B., und *Charitonov, V. M.:* Sammelband „Fasern aus Heteroketten" (in Russ.). Moskva: Chimija 1967, S. 46.
Speranskij, A. A., Pakšver, A. B., und *Charitonov, V. M.:* Sammelband „Synthetische Fasern" (in Russ.). Moskva: Chimija 1969, S. 72.
Speranskij, A. A., Pakšver, A. B., und *Charitonov, V. M.:* Sammelband „Fasern aus synthetischen Polymeren" (in Russ.). Moskva: Chimija 1970, S. 222; 227.

[24] *Gerasimova, L. S., Pakšver, A. B.*, und *Chakimova, A. Ch.:* Mech. Polimerov, Riga (Mech. d. Polymeren) (1968) 1, S. 53.

[25] *Gardon, J. S.*, und *Steele, R.:* Some theoretical considerations of cellulose crosslinking. Textile Res. J. **31** (1961) 2, S. 160—171.

Eingegangen am 22. November 1970

Entwicklungstendenzen bei Viskosefasern und Viskosezellstoffen[1)]

Erich Treiber

Schwedisches Holzforschungsinstitut in Stockholm

DK 677.463. "71": 661.728.6 "71": 677.021.122.222/.223: 677.021.122.44:339.4

Die gegenwärtig sich abzeichnenden Entwicklungstendenzen bei den verschiedenen Typen von Viskosefaserstoffen werden eingehend besprochen und die Auswirkungen auf den Chemiefaserzellstoffverbrauch skizziert. Sowohl das Problem der Zellstoffversorgung als auch Fragen im Zusammenhang mit der Herstellung ökonomischer Zellstoffe werden gestreift. Neuere Versuche über den Einfluß von Fremdionen beim Alkalisierprozeß auf den Filterwert der Viskose werden referiert.

Тенденции развития вискозных волокон и целлюлозы для их производства

Подробно рассматриваются современные тенденции развития различных типов вискозных волокон и их влияние на производство вискозной целлюлозы. При этом обсуждаются как вопросы удовлетворения потребности в целлюлозе высокого качества, так и вопросы производства экономичных типов целлюлозы. Приводятся данные о результатах новейших исследований по влиянию посторонних ионов в процессе мерсеризации на замедляемость фильтрации вискозы.

Trends in the Production of Viscose Rayon and Dissolving Pulp

The present trends in the production of various types of viscose rayon are discussed in detail and the effects on the consumption of dissolving pulp are outlined. The problems arising in the supply of pulps and the economics of pulp production are considered. Recent experiments on the effect of foreign ions on the filtration value of viscose in the mercerisation process are reported.

Einleitung

Befassen wir uns einleitend ein wenig mit statistischen Angaben und Wirtschaftsnotizen, umfassend das vergangene Dezennium, so sehen wir einen Rückgang sowohl in der Anzahl Viskosefabriken als auch Viskosezellstoffabriken. Im Jahre 1960 waren auf der ganzen Welt ca. 195 Viskosefabriken in Betrieb; im Jahre 1970 sind es nur mehr ca. 179. Um einige detailliertere Angaben zu machen, sei genannt, daß von 1960 auf 1969 in den USA die Zahl der Viskosebetriebe von 19 auf 13 und in Westeuropa von 81 auf 58 zurückgegangen ist.

In Schweden, um ein anderes Beispiel zu nennen, wurden 1960 463000 Jahrestonnen Dissolvingzellstoffe von elf Gesellschaften erzeugt, während 1969 326000 Jahrestonnen

1) Vorgetragen auf dem 3. Internationalen Chemiefasersymposium in Dresden am 1. Dezember 1970.

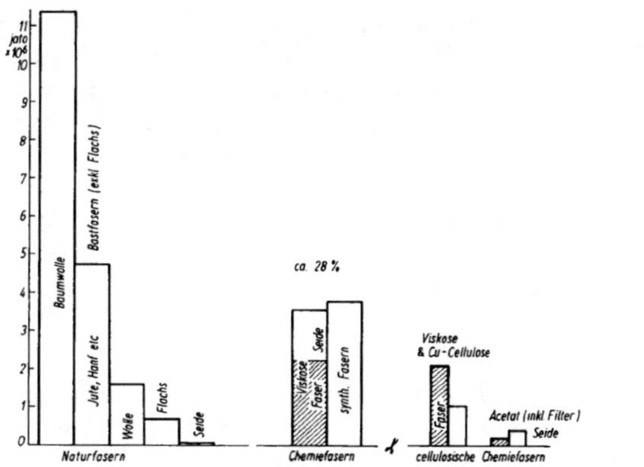

Bild 1. Weltproduktion verschiedener Textilfasern im Jahre 1968

von fünf Firmen produziert wurden, was ab 1966 zur unbegründeten Vermutung geführt hat, daß sich Schweden vom Dissolving-Zellstoffmarkt zurückziehen will. Im selben Zeitraum haben von acht amerikanischen Firmen zwei die Produktion von Chemiefaserzellstoffen aufgegeben.

Anfang 1967 haben in den hochindustrialisierten Ländern Westeuropas sowie in den USA und Japan die Synthetics die Faserstoffe auf Cellulosebasis überflügelt.

Man kann nun mit Recht fragen, ob diese Tendenzen das allmähliche Ende der Viskosefaserstoffe anzeigen. Wenn wir auch gewisse Warnungssignale, die sich jedoch wohl auf anderen Ebenen abzeichnen und die wir noch erwähnen werden, nicht ungehört vorübergehen lassen wollen, so kann doch festgestellt werden, daß kein Anlaß zu einem Pessimismus vorliegt. Die starke Abnahme in der Anzahl der Produktionsstätten und damit national oft auch ein Rückgang im Produktionsvolumen hängt mit den notwendigen Rationalisierungsmaßnahmen zusammen. Die cellulosischen Chemiefaserstoffe mit einer Weltproduktion von z. Z. über 3,7 Millionen Jahrestonnen stehen einer Gesamterzeugung an Synthesefaserstoffen aller Kategorien mit etwa 4,4 Millionen Jahrestonnen nicht weit nach (Bild 1), und es werden z. Z. fast doppelt soviel Viskosefaserstoffe erzeugt als z. B. Polyamidfaserstoffe, die mengenmäßig heute noch die Spitze halten. Bei gleichbleibender Viskosefaserproduktion dürfte die Viskosefaser wahrscheinlich erst 1975 von der Polyester- oder Polyamidfaser eingeholt werden. Aber auch die Produktion der cellulosischen Fasern steht keineswegs still — im abgelaufenen Dezennium stieg die Weltproduktion von 2,6 Millionen Tonnen auf 3,7 Millionen Tonnen, also um rund 40% (Bild 2). Natürlich ist dieser zweifellos erfreuliche Aufschwung keinesfalls vergleichbar mit dem der Synthetics, die im gleichen Zeitraum um nicht weniger als 500% expandiert haben. Die sprunghafte Produktionsausweitung, die die Cellulosefasern im Zeitraum 1921 bis 1940 erfuhren und die etwa vergleichbar mit dem 1948 einsetzenden Boom bei den Synthetics war, ist nun natürlich einer relativ geringen Zuwachsrate gewichen. Gemäß neuesten Ziffernmaterials [1] war die Zuwachsrate 1968/69 bei Viskoseseide −0,6% und bei Viskose-Stapelfasern +1,1%; die entsprechenden Jahresdurchschnittswerte für das abgelaufene Dezennium sind 1,0% bzw. 4,4% Zuwachs.

Zukunftsaussichten

Entwicklungsprognosen unserer Branche bauen auf folgende Faktoren auf: Wachstum der Bevölkerung, Änderung der Bildungsstufe und technischen Zivilisation, also die demographische Entwicklung, Höhe und

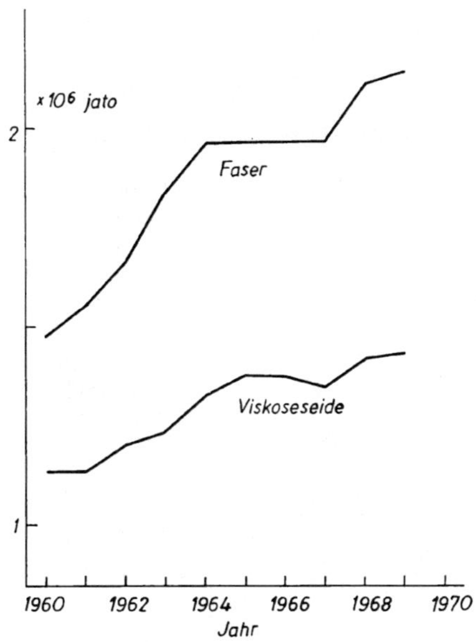

Bild 2. Weltproduktion cellulosischer Chemiefasern in der Dekade 1960 bis 1970

Zuwachsrate des Nationalproduktes, Rohstoff- und Energielage, neue Forschungsergebnisse, soziologische, wirtschaftliche und politische Faktoren, Modetrend, Freizeitgestaltung und dgl. Es ist verständlich, daß die richtige Beurteilung so vieler Faktoren und deren Wechselwirkung sehr schwer und unsicher ist. Dazu kommt noch bei spezielleren Prognosen, daß man den gegenseitigen Ersatz der Faserstoffe mit berücksichtigen muß. Die dynamische Entwicklung moderner Textilanwendungstechnik basiert ja zum Großteil auf Substitutionen der Naturfasern durch Chemiefasern und der Chemiefasern untereinander. Schon 1966 konnte man in den USA einen prozentualen Rückgang der Baumwolle in vielen Textilsektoren und einen prozentualen Anstieg des Viskosefaserverbrauches feststellen; z. B. sank bei Haushaltstextilien der Anteil der Baumwolle von 64% (für 1960) auf 49,5%, während der Anteil der Viskosestapelfaser von 16,2% auf 19,7% stieg. Die Schwierigkeiten einer Marktentwicklungsanalyse werden beispielsweise durch die Tatsache illustriert, daß der Chemiefaserstoffverbrauch nicht mit dem individuellen Wohlstand proportional ansteigt; der Prestigewert der Bekleidung ist leider nicht konstant, sondern im Absinken. Der Pro-Kopf-Verbrauch ist nur in den Industrieländern, jedoch nicht in den Entwicklungsländern gestiegen. Es hat ganz den Anschein, daß ein wesentlicher Weiteranstieg im Faserverbrauch weniger auf den „klassischen Sektoren“ als vielmehr auf neuen Gebieten, wie Vliesstoffe und „technische Textilien“, liegen wird.

Daß für die Zukunftsaussichten der Viskosefasern Fasermischgewebe ausschlaggebend sind, dürfte unwidersprochen feststehen, und Beispiele werden noch angeführt werden. Der wichtigste Partner ist bekanntlich die Polyesterfaser, die nach allgemeiner Auffassung 1980 die dominierende Synthesefaser sein wird [2] (Bild 3). Da die Polyesterfaser für den Bekleidungssektor heute noch fast durchgehend mit Baumwolle oder Zellwolle gemischt wird, muß der gewaltige Aufschwung der

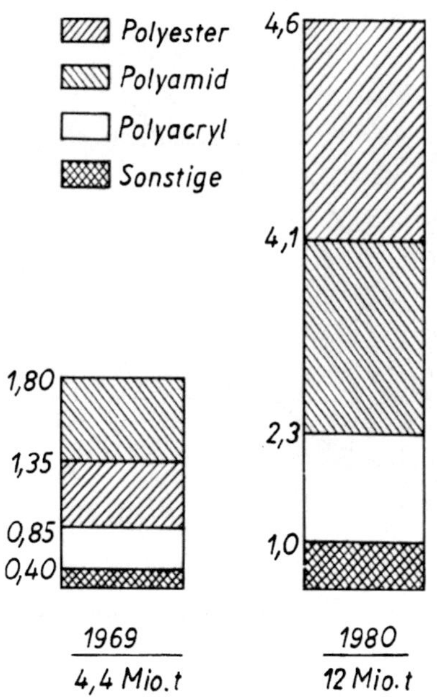

Bild 3. Produktionsentwicklung der Chemiefasern 1969 bis 1980 (Prognose) [2]. 1980: Polyester an erster Stelle

Polyesterfaser erwartungsgemäß die Viskosestapelfaser mitziehen, auch wenn man die hartnäckige Konkurrenz der Baumwolle und die Eigenschaften texturierter Polyestergarne dabei im Auge behält.

In allen Analysen wird festgestellt, daß die große Rolle der cellulosischen Fasern noch keineswegs ausgespielt ist. Hierfür spricht schon die Anzahl günstiger und spezifischer Eigenschaften, wie gute thermische Beständigkeit und Lichtstabilität, ausgezeichnete Adsorptions- und Desorptionseigenschaften für Wasserdampf, leichte Färbbarkeit bei guter Vergilbungsfestigkeit, Fehlen einer Pilling-Neigung und elektrostatischen Aufladung. Der hohe permanente Weißgrad bzw. die sehr geringe Vergilbungsneigung cellulosischer Chemiefasern kann in Zukunft ein wichtiger Faktor werden, falls durch Milieuschutzmaßnahmen der Gebrauch optischer Aufheller eingeschränkt werden wird. Für das nun angebrochene Dezennium — also bis 1980 — wird eine Produktionszunahme von 1,4 Millionen Tonnen, das sind 38%, erwartet. Der entsprechende Zuwachs für die USA wird auf 46% geschätzt; im günstigsten Fall wird möglicherweise dort der potentielle Verbrauch an Viskosestapelfasern bis zum Ende des Jahres 1973 sich bereits verdoppeln; nach vorsichtigeren Angaben wird dies allerdings erst 1975 der Fall sein.

Diese optimistischen Aussichten lassen uns — zu Recht oder Unrecht — eine gewisse augenblickliche Stagnation oder sogar rückläufige Entwicklung als unwesentlich erscheinen, um so mehr, als die Viskoseindustrie keineswegs über schlechte Geschäfte klagt. Wir wollen jedoch bemerken, daß im 1. Quartal 1970 in den USA die cellulosische Chemiefaserproduktion um fast 7% zurückgegangen ist. Jedoch auch für viele Synthesefasern waren Rückgänge zu verzeichnen, und eine starke Aufwärtsentwicklung zeigten nur die Polyesterfasern.

Etwas alarmierender sind vielleicht die neuesten Nachrichten, denen zufolge aus reinen Kosten- und Milieuschutzgründen mehrere Viskoseseideproduktionsstätten stillgelegt und die Stapelfaserproduktion manchenorts gedrosselt werden.

Nach dieser allgemeinen einleitenden Übersicht wollen wir die einzelnen Viskosefasertypen — auch von der technischen Seite her — und Haupteinsatzgebiete näher betrachten.

Viskoseseide

Der normalen Viskoseseide wird schon seit längerem, d. h. seit dem Anheben der Produktion zwischen 1962 und 1964, ein sinkender Markt vorausgesagt, da u. a. Viskoseseidefutterstoffe in Pflegeleichtartikeln eine scharfe Konkurrenz durch Synthetics erleiden. In Europa ist der gewebte Viskoseseidefutterstoff jedoch immer noch dominierend und erhielt durch Hochveredlungsverfahren — z. B. Viscolin — neue Impulse.

Eine andere interessante Entwicklung sind Mischstoffe, wie z. B. NEVAVISCON-Futterstoffe[2]). In praxi sehen wir in vielen Ländern eine gleichbleibend gute oder sogar ansteigende Produktion (Bild 4); für die Weltproduktion 1968/69 ergab sich eine Zunahme um 1,3%. Eine rückläufige Entwicklung ist beispielsweise in Westeuropa zu erkennen. Diese Anmerkungen zeigen zugleich, wie schwierig Prognosen zu erstellen sind. Auf dem Viskoseseidegebiet — das übrigens auch stark modebeeinflußt ist — sind auch kaum überraschende Entwicklungen zu verzeichnen gewesen oder in naher Zukunft zu erwarten, und man wird sich fragen, ob hier nicht neue Konzepte zu suchen sind und vor allem auch neue Anwendungsgebiete. Man denke an Filament-

[2]) Polyamid/Viskose-Mischgewebe.

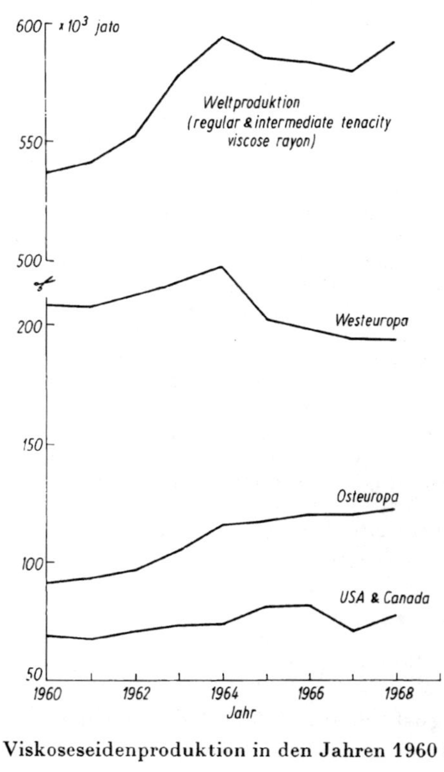

Bild 4. Viskoseseidenproduktion in den Jahren 1960 bis 1968

Mischgarne sowie an HWM- und Polynosic-Endlosgarne, die in den USA, England und Japan auf dem Markt sind. An Polynosic-Endlosgarn von 40 bis 120 den gewinnt man in Japan für dimensionsstabile, seidig-weiche Gewebe steigendes Interesse. Daß beispielsweise der non-woven-Sektor nicht außerhalb der Interessensphäre liegt, zeigt das Vliesbildungsverfahren aus Endloskabeln, z. B. mit Hilfe der ToWeb-Maschine [3]. Im speziellen Falle des Endlos-Reyon existiert von der Colbond N.V. in Arnhem der *endless rayon filament process for non-woven.* Daß es ferner immerhin neue und interessante, wenn auch absatzmäßig unbedeutende Anwendungssektoren gibt, zeigt das wachsende Interesse für grafitierte Viskoseseide (z. B. THORNEL, GRAFIL usw.), die als Graphit-Komposit Anwendung in der Raumfahrt findet und Metalle in Flugzeugteilen ersetzen kann.

Immerhin rechnen sehr optimistische Beobachter mit einer Produktionszunahme — lokal für Viskose, Cupro + Acetat sogar bis zu etwa 40% — in der laufenden Dekade.

Hochfeste technische Viskoseseide (Cord)

Noch schwieriger ist die Prognose für hochfeste Viskoseseide, also in der Hauptsache für Supercord, zu erstellen. Wenn wir von den Produktionsspitzen 1965/66 und der Rezession 1967 absehen, so ist die Weltproduktion mit Ausnahme des abgelaufenen Jahres langsam angestiegen, während in Westeuropa die Produktion etwa konstant, in Nordamerika jedoch stark rückläufig war. Bezeichnend ist eine starke Produktionsausweitung in den osteuropäischen Ländern (Bild 5).

Da die USA etwa die halbe Reifenproduktion der Welt bestreiten, ist es verständlich, daß Entwicklung und Trend in Amerika immer Ausgangspunkt solcher Diskussionen sind, wobei man allerdings nicht vergessen darf, daß es eine Reihe von Unterschieden zwischen den europäischen und nordamerikanischen Verhältnissen gibt.

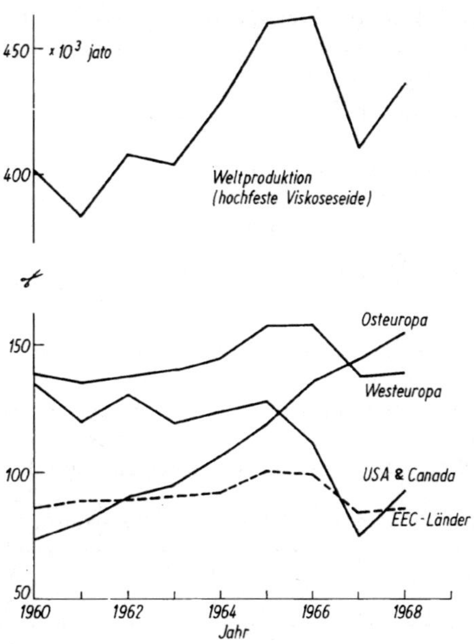

Bild 5. Produktion an hochfesten Viskoseseiden in den Jahren 1960 bis 1968

Tabelle 1.
Vor- und Nachteile verschiedener Reifencordmaterialien [4]

Viskoseseide		Polyamid 6,6	
Vorteil	Nachteil	Vorteil	Nachteil
gute Haftung, verhältnismäßig hoher E-Modul, preisgünstig	keine	hohe Festigkeit, gute Ermüdung, gute Haftung	niedriger E-Modul, Heißreckung, PCI, Flatspot
Polyester		**Stahl**	
Vorteil	Nachteil	Vorteil	Nachteil
niedrige Dehnung, gute Haftung, hohe Festigkeit, verhältnismäßig hoher E-Modul	PCI	hoher E-Modul, hohe Festigkeit im Querschnitt	schwierige Verarbeitbarkeit

Bekanntlich ist etwa im Jahre 1964 in den USA die Reifencordviskoseseide in ihrer führenden Position vom Polyamid 6.6 abgelöst worden. In letzter Zeit hat Polyamid 6.6 in Polyester einen ernsten Konkurrenten gefunden. Weitere Bedeutung erlangen Stahl- und Glasfasercord. In Europa hat der Viskoseseidecord, der sich relativ leicht und gut handhaben läßt, keine Probleme hinsichtlich Haftung und Hitzeempfindlichkeit aufwirft und wirtschaftlich ist (Tabelle 1), seine dominierende Stellung im PKW- und LKW-Sektor behauptet und durch die Entwicklung des Gürtelreifens [5], vornehmlich für PKWs, weiter gefestigt (Bild 6a). Bekanntlich scheidet Polyamid 6.6 infolge des zu geringen E-Moduls für Gürtelreifen aus.

Für die starke Stellung des Viskoseseidencords in der Bundesrepublik Deutschland ist die Großproduktion von Super-3-Cord mit 43 Rkm und die Entwicklung eines Spezialcords für Gürtelreifen — ein Super-3-Cord mit gröberem Einzeltiter (2,3 den) — entscheidend mit verantwortlich [4]. Weitere Entwicklungen, wie Anwendung von Haftmischungen, sind zu erwarten. Das Vertrauen in einer stärkeren Nachfrage nach Viskoseseidencord kommt auch in einer 10%igen Erhöhung der Enka-Glanzstoff-Produktionskapazität zum Ausdruck.

Wie schon angemerkt, fördert der Gürtelreifen den Viskoseseidencord, was selbst aus einer vorübergehenden Nachfragesteigerung in den USA zu ersehen ist, wobei jedoch betont werden muß, daß dort hauptsächlich ein anderer Reifentyp — ein Zwischentyp, der bias-belted Reifen [5] — auf den Markt gekommen ist (Bild 6b), der zunächst in zumindest gleich hohem Grade jedoch auch Polyester- und Glasfasercord begünstigt. Gewisse Schwierigkeiten haben jedoch dem Viskoseseidencord hier eine — zumindest vorübergehende — bessere Stellung eingeräumt. Versuche mit Hochmodulviskoseseidentypen in der Gürtelreifenkonstruktion haben kein befriedigendes Ergebnis gezeigt, hingegen ist das Material interessant für gewisse Gewebeeinlagen und für Beschichtungsgewebe.

Während die Entwicklung des Viskoseseidencords am europäischen Markt sehr schwer zu beurteilen ist — mit Rückgängen muß wohl gerechnet werden — dürfte

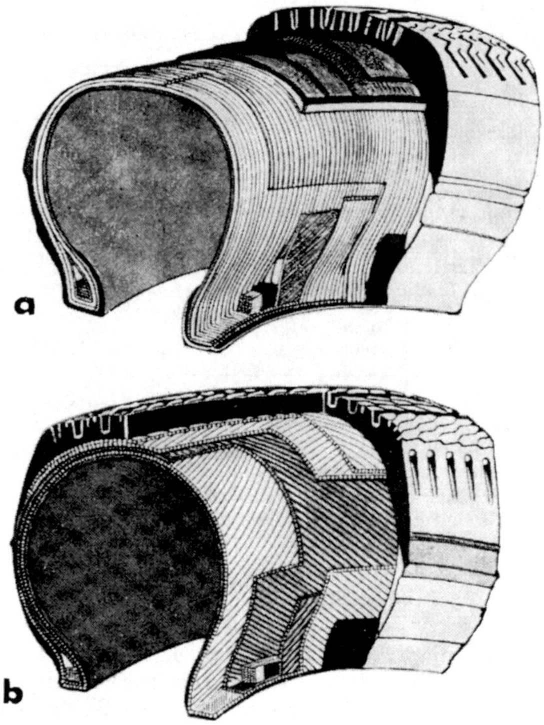

Bild 6 a, b. Reifenkonstruktionen [5]
oben: Gürtelreifen, unten: Zwischentyp: bias-belted Reifen

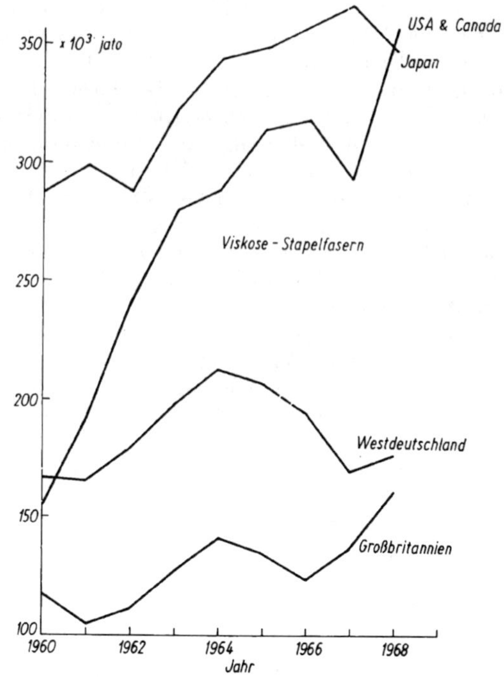

Bild 8. Produktion an Viskose-Spinnfasern in den Jahren 1960 bis 1968

die Entwicklung in Amerika von einem starken Rückgang gekennzeichnet sein, wie Bild 7 zeigt.

Auch auf dem Förderbandsektor konkurriert Viskoseseide mit Synthetics und Stahlcord. Viskoseseide bewährt sich vor allem in der Kette, und Konstruktionen mit Viskoseseide in der Kette und Polyamid 6.6 im Schuß sind weit verbreitet. Andere Applikationen können aus Platzmangel nicht diskutiert werden.

Viskosespinnfasern

Die drei Spinnfaser-Haupttypen B, W und T sind vielfach nur hinsichtlich Feinheit, Stapellänge und Kräuselung dem Verwendungszweck angepaßt. Für alle Typen, einschließlich der neuen Modalfasern, gilt es, diese weiter zu entwickeln und den Verwendungszwecken besser anzupassen.

In den meisten Ländern hat die Viskosespinnfaserproduktion zugenommen, wie Bild 8 zeigt.

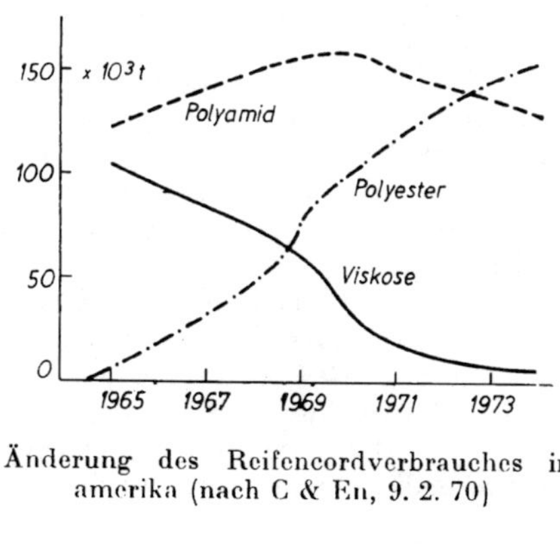

Bild 7. Änderung des Reifencordverbrauches in Nordamerika (nach C & En, 9. 2. 70)

Unzweifelhaft hat die normale Viskosespinnfaser auf manchen Sektoren Terrain verloren, jedoch haben sich große neue Absatzgebiete mit bis zu 15% jährlicher Zuwachsrate eröffnet.

Das meistversprechende Absatzgebiet ist der non-woven-Sektor, auf dem die normale Stapelfaser eine große Rolle spielt, aber auf dem sich auch ein guter Absatzmarkt für eine Reihe von Viskose-Spezialspinnfasern eröffnet. Während niemand dem sog. Papierkleid eine strahlende Zukunft gibt, sind Experten sich einig, daß der non-woven-Sektor, der in der Hauptsache kurzlebige Artikel produziert, einen spektakulären Aufschwung nehmen wird. Die Haupteinsatzgebiete sind:

1. Haushaltsartikel,
2. Dekorationsartikel (inkl. Boden- u. Wandbekleidung),
3. Krankenhausartikel,
4. übrige Sanitätsartikel,
5. Einlagevliesstoffe und Füllstoffvliese für die Oberbekleidung,
6. Technische Artikel (z. B. Filter, Isolationsmaterial) inkl. Kunstleder.

Die rasche Produktionsentwicklung, vor allem in den Vereinigten Staaten, geht aus Tabelle 2 hervor [6].

Natürlich bestimmt der Verwendungszweck das einzusetzende Rohmaterial. Unter den verschiedensten synthetischen Faserstoffen und faserigen Gebilden sind

Tabelle 2. Produktion von non-woven-Materialien [6]

Jahr	Europa	USA	übrige	Totalmenge
1965	9500	65000	10000	84500
1967	20000	90000	12000	122000
1970	30000	160000	24000	214000

Tabelle 3. Prozentualer Anteil verschiedener Fasern für den Einsatz in non-woven-Materialien [6]

Faser	1966 %	1970 %
Baumwolle	10	8
Viskosefasern	45	45
Polyamidfasern	25	17
Polyesterfasern	12	15
Polyacrylfasern	4	4
Polypropylenfasern	0,5	7
übrige (Flachs, Jute, Wolle, Klebefasern, wie z. B. Kuralon, MP-Clorofasern, etc.)	3,5	4

folgende vier Kategorien die wichtigsten, nämlich: Viskosefasern[3]), Baumwolle[4]), Holzzellstoff-Fasern und Polyamide (vgl. auch Tabelle 3). Für praktisch alle Chemiefasern gilt, daß sie z. Z. noch nicht für den non-woven-Einsatz speziell angepaßt sind.

Der Verbrauch von Viskosespinnfasern für Vliesstoffe nimmt in den USA um etwa 10% jährlich zu. Nach *Ducrot* [6] sollen 1985 in der westlichen Hemisphäre 8 bis 10% des totalen Textilfaserverbrauches in den non-woven-Sektor gehen. In Jahresumsätzen ausgedrückt, bedeutet der non-woven-Sektor heute ein 500-Millionen-$-Geschäft, das 1975 auf 1,3 Milliarden $ angestiegen sein dürfte.

Weiterentwicklungen auf dem Viskosespinnfasergebiet können teils schrumpfende Märkte reaktivieren, teils neue erobern. Beispiele einer derartigen Entwicklung sind Fasern mit modifizierter Anfärbbarkeit [7] (deep-dyeing-Fasern von Courtaulds) und sauer färbbare Viskosefasern (animalisierte Zellwolle). Der große Clou wäre natürlich die flammfeste Viskosespinnfaser. Auf der Zellchemingtagung 1970 konnte *Kraessig* eine mit einer phosphorhaltigen Vinylverbindung pfropfmodifizierte Viskosefaser demonstrieren, die allen Ansprüchen, auch hinsichtlich der technisch-ökonomischen Anforderungen, zu genügen scheint. Auch die American Viscose Div. baut ein flammverzögerndes Mittel permanent beim Spinnen in die Faser ein. Somit scheinen gegenwärtig Acryl- und Viskosefasern hinsichtlich einer Flammfestausrüstung die anderen Synthesefasern hinter sich gelassen zu haben.

Modalfasern

Großes Interesse verdienen nach wie vor die Modalfasern, die die potentielle Möglichkeit haben, neue Absatzgebiete zu eröffnen, und das Vertrauen in ihre Zukunft demonstriert z. B. die American Viscose Division durch Erweiterung ihrer Kapazität um 45000 t in Fredericksburg und Front Royal. Bekanntlich existieren drei Hauptprozesse zu ihrer Herstellung. Die z. Z. interessanteste Type, die HWM-Faser, wird nach einem modifizierten Supercordprozeß gesponnen. Polynosische Fasern werden aus hochviskosen Spinnlösungen von mittlerer bis niederer Alkalinität und hohem CS_2-Eintrag in schwach sauren, salzarmen Bädern ersponnen. Super-HMW-Fasern werden unter Formaldehydzusatz hergestellt; eine neue Polynosic-Type durch eine alkalische Nachbehandlung (improved Polynosic Fibre). Alle Fasertypen haben derzeit noch mehr oder minder störende Schwächen — in der Hauptsache zu geringe Schlingenfestigkeit — was bei dem geringen Alter dieser Entwicklung nicht verwunderlich ist und sicher noch gemildert oder eliminiert werden kann. Alle großen Firmen haben jetzt Modalfasern am Markt: AVRIL der Avisco, COLVERA (HWM) von Glanzstoff, HOCHMODUL 333 von Lenzing, AIRON (HWM) der Chatillon S.p.A., ZARYL (Polynosic) von Fabelta, ZANTREL der CTA usw., um nur einige zu nennen.

[3]) In der BRD beträgt ihr Anteil z. Z. etwa 60%.
[4]) Starke Rückgänge sind hier jedoch zu verzeichnen.

Das Hauptanwendungsgebiet liegt offenbar auf dem der Fasermischungen. An der Spitze stehen Mischungen mit Polyesterfasern sowie mit Baumwolle, aber auch Mischungen mit Polyamiden und Wolle — ein Beispiel ist hier TOYOBO ROSARIE aus 70% HWM-Faser und 30% Wolle — sind interessant. Wichtige Märkte sind hier u. a. Hosenstoffe, Oberhemden und Haushaltswäsche. Auf dem Gebiete bügelfreier Bettwäsche macht sich ein Ersatz von Baumwolle in Polyestermischungen durch HWM-Fasern bemerkbar. Auch andere Kombinationen werden erprobt; ein Beispiel ist die LABANNY-Bettwäsche mit 100% Polynosic in der Kette und 100% 66-HELANCA-Nylon im Schuß.

Die potentielle Marktaufnahmefähigkeit von Modalstapelfasern in den USA für 1973 wird auf etwa 300000 t geschätzt; dem steht eine Produktion von 23000 t für 1963 gegenüber, das bedeutet, daß sich die Produktion in zehn Jahren mehr als verzehnfachen müßte.

Für das gesamte Viskosespinnfasergebiet wird ein beachtlicher Aufschwung erwartet. Die Prognosenziffern für USA sprechen von einer Vervierfachung der Produktion bis 1980.

Die Situation am Chemiefaserzellstoffmarkt

Die durchweg recht optimistischen Prognosen — auch für Zellglas und andere Cellulosederivate — lassen eine entsprechende Nachfrage auf dem Dissolving-Zellstoffmarkt erwarten und damit auch eine Verknappung, die bereits heute sich lokal bemerkbar macht, und der kaum durch Projekte, Holzreserven der Urwälder zu nutzen, so ohne weiteres abgeholfen werden kann. Schon mehrfach hat sich das billige Holz tropischer oder subtropischer Gebiete als Fehlspekulation erwiesen.

Aktuell ist jedoch nicht nur die Frage nach der zukünftigen Rohstoff-, d. h. also Zellstoff-Versorgung, sondern auch nach der Wirtschaftlichkeit des gesamten Prozesses. Für die meisten Viskosefasertypen sind leicht verarbeitbare, billige Zellstoffe zu fordern, und neuere Untersuchungen haben auch gezeigt, daß in den meisten Fällen keine extrem hochveredelten Zellstoffe eingesetzt werden müssen.

In der Denkweise der Fünfziger Jahre war hoher Veredlungsgrad praktisch gleichbedeutend mit hervorragender Qualität, die eben durch geringere Zellstoffausbeute und damit höherem Preis erkauft werden mußte. Selbst nicht weiter veredelte Vorhydrolyse-Sulfatzellstoffe mit einem α-Gehalt von etwa 95% hielt man prinzipiell den hochveredelten Sulfitzellstoffen mit annähernd ähnlichem α-Niveau weitaus überlegen. Untersuchungen in den Sechziger Jahren haben aber gezeigt, daß die Qualitätsunterschiede in den aus beiden Zellstofftypen ersponnenen hochfesten Garnen nur zu einem geringen Teil dem Aufschlußverfahren zuzuschrei-

Tabelle 4. Düsenverstopfung bei Verwendung normaler Zellstoffe und neuer Spezialzellstoffe

	Konventionell gebleichter Zellstoff		Mit ClO_2 vorgebleichter Zellstoff	
	A	B	A	B
DCIM-Extrakt,%	0,40	0,13	0,09	0,05
Düsenverstopfung, %	44	48	3	6
Druckanstieg Δp an der Düse, kp/cm²	0,40	0,64	0,07	unmeßbar klein

ben sind. Als hauptverantwortlich für die beobachtbaren Unterschiede zeigte sich der Gehalt an chloriertem Harz beim Sulfitzellstoff [8]. Durch kräftige Herabsetzung des Harzgehaltes und Vorbleiche mit ClO_2 konnten Sulfitzellstoffe hergestellt werden, die qualitätsmäßig — vor allem bei höherer Ausgangsviskosität — durchaus an vorhydrolysierte Sulfatzellstoffe heranreichen. Dies gilt auch hinsichtlich der Düsenverstopfung, wie Tabelle 4 zeigt. Eine andere Untersuchung hat gezeigt, daß Mineralteilchen von einigen Mikrometern im Durchmesser stark die Reißfestigkeit im negativen Sinne beeinflussen [9].

Im Prinzip kann daher ein hochveredelter Zellstoff mit hohem säureunlöslichem Aschengehalt sich schlechter benehmen als ein weniger veredelter Zellstoff mit niederem Aschegehalt. Diese wenigen Beispiele mögen zeigen, daß man den Verunreinigungen im Vergleich zum α-Gehalt bis vor kurzem noch viel zu wenig Aufmerksamkeit gezollt hat, um so mehr, als sich wiederholt zeigt, daß ein geringer Hemicellulosegehalt weit weniger die textilen Eigenschaften beeinflußt, als meist angenommen wird [10]. Daß die Begleitstoffe auch oft einen negativen Effekt auf gewisse Verarbeitungsphasen ausüben, ist natürlich schon lange bekannt — es sei an Entlüftungsschwierigkeiten bei hohem Harzgehalt oder an Filtrationsschwierigkeiten bei hohem Aschegehalt oder Nullfasergehalt als Beispiele erinnert — und auch eingehender in den Vierziger Jahren untersucht worden. Trotzdem glauben wir, daß im Lichte der gegenwärtigen Tendenzen — d. h. Herstellung von Zellstoffen mit ökonomisch abgepaßtem Veredlungsgrad und hochgezüchteter Verarbeitbarkeit — ein weiteres Studium durchaus berechtigt ist.

Einfluß anorganischer Verunreinigungen auf den Filterwert

Wir haben daher als Teilaufgabe den Einfluß anorganischer Verunreinigungen im Zellstoff und Laugensystem auf den Filterwert untersucht.

Teilt man diese in säure- und/oder laugenlösliche, respektive säureunlösliche Verunreinigungen ein, so ergibt sich folgende Übersicht:

Die Erdalkaliionen Ca und Mg setzen, vornehmlich in höherer Konzentration, d. h. über 200 mg/kg Zellstoff, den Filterwert etwa gleich stark herab, wie Bild 9 zeigt. Wahrscheinlich bilden sich nach *Kleinert, Greenwood, Sarten* u. a. [11] schleimige Verbindungen mit Hemicellulosen und nach *Vuori* [12] Doppelsalze mit Carbonat, die die Filtration negativ beeinflussen. Dies steht auch im Einklang mit einer Beobachtung von *Matthes* [13], daß höhere Aschenwerte akzeptiert werden

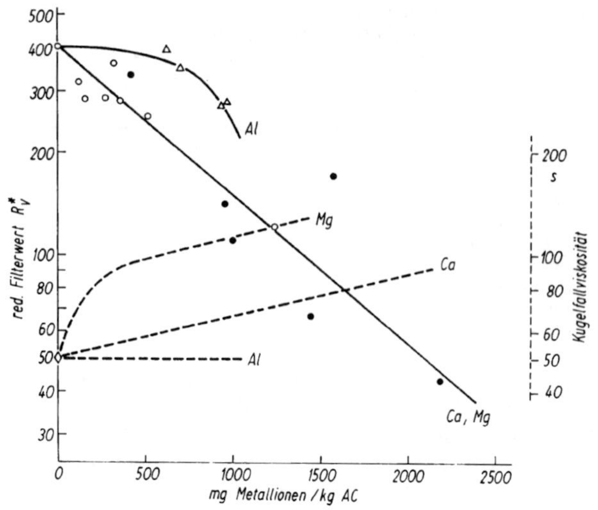

Bild 9. Beeinflussung des red. Filterwertes R_v^* durch die Metallionen Ca, Mg und Al

können, wenn mit Reinlauge getaucht wird. Auf Grund des eingangs genannten Effektes war die Abkehr vom Calcium als Base in der Aufschlußflüssigkeit und vom Calciumhypochlorit als Bleichmittel zu begrüßen. Höherer Magnesiumgehalt scheint auch die Vorreifegeschwindigkeit herabzusetzen [14]. Komplizierter scheint der Einfluß von Aluminiumionen zu sein, die erst bei relativ hoher Konzentration stark filtrationsverschlechternd in Erscheinung treten.

Der Einfluß von Natriumionen, die nicht aus dem NaOH der Tauchlauge stammen, wurde teils durch Zusätze von Kochsalz, teils durch Zusätze von Natriumcarbonat zur Tauchlauge untersucht. Hierbei handelt es sich natürlich weniger um Modellsubstanzen für die Mineralasche des Zellstoffs — Seetransportschäden ausgenommen — als vielmehr um mögliche Verunreinigungen der Tauchlauge. Den schädlichen Einfluß von Natriumcarbonat haben wir bereits mehrfach diskutiert [15], so daß wir hier nur darauf verweisen möchten.

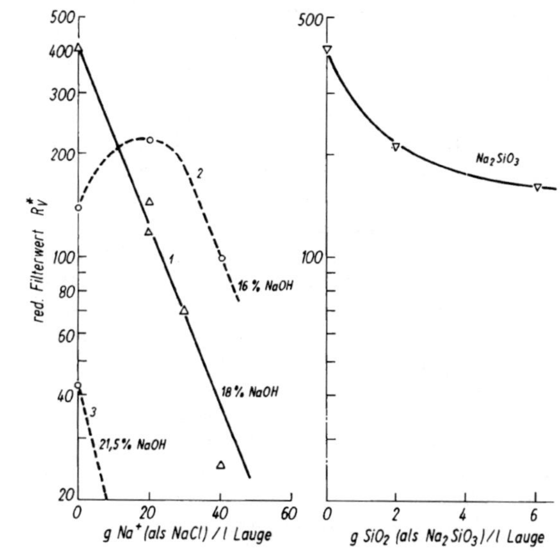

Bild 10a. Beeinflussung des Filterwertes durch Zusatz von NaCl bzw. Na_2SiO_3 zur Tauchlauge

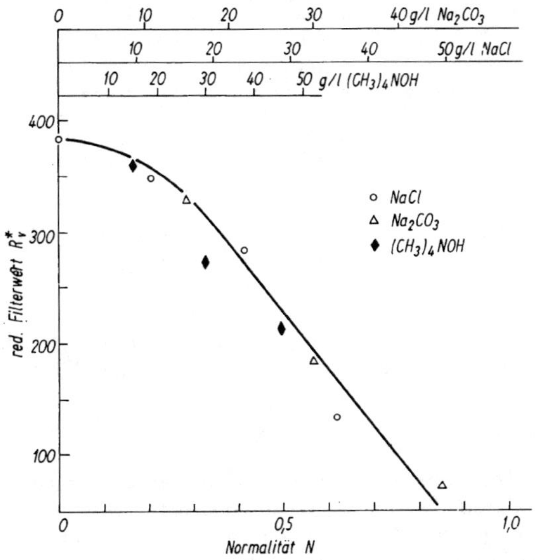

Bild 10b. Beeinflussung des Filterwertes durch Natriumchlorid und -carbonat bei konstantem Natriumionengehalt in der Tauchlauge

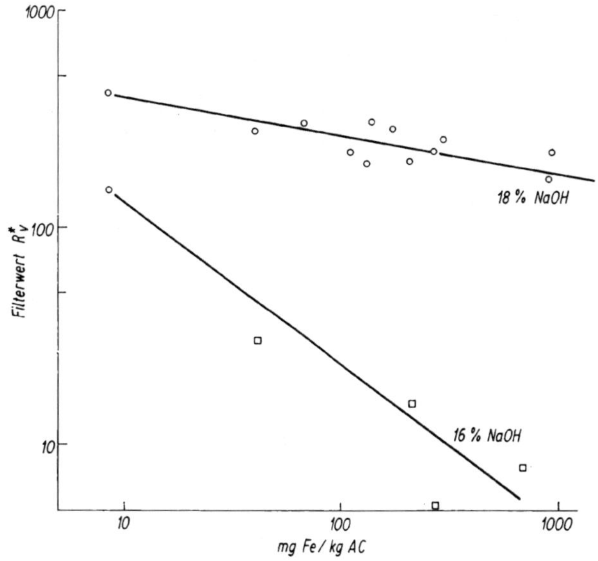

Bild 11. Einfluß von Eisenionen auf den Filterwert

Wie Bild 10a zeigt, wirkt ein Zusatz von Natriumchlorid stark filtrationsverschlechternd mit Ausnahme mäßiger Zusätze zur einer zu schwachen Tauchlauge. Dieses zunächst vielleicht etwas überraschende Ergebnis (siehe Kurve 2 in Bild 10a) zeigt uns, daß derartige Zusätze die aktuelle Laugenkonzentration verschieben und daß man bei derartigen Versuchen die Natriumionenkonzentration konstant halten sollte. In diesem Falle dürfte erwartungsgemäß der Einfluß auf den Filterwert, vor allem bei geringen Natriumchloridzusätzen, geringer sein. Nach *Magister* [16] stört auch in der Tat ein NaCl-Zusatz in einer Konzentration $< 0{,}17\%$ keineswegs das Spinnen von Feinseide.

In neueren Versuchen haben wir daher die totale Natriumionenkonzentration konstant gehalten und unsere Vermutung bestätigt gefunden (Bild 10b). Hierbei zeigte sich noch eine weitere interessante Tatsache: Natriumchlorid und -carbonat verhalten sich etwa gleich. Da gleiche Massemengen beider Verbindungen, gelöst in demselben Volumen, etwa gleiche Normalität repräsentieren, liegt der Schluß nahe, daß die Filtrierbarkeit von der Normalität der Kationen oder Anionen in der Tauchlauge beeinflußt wird. Im Falle der Natriumsalze dürfte wohl das Anion für den Effekt verantwortlich sein. Wir untersuchten auch das Verhalten des Tetramethylammonium-Kations und fanden eine ähnliche Beeinflussung.

Ein weiterer Fall, der uns interessierte, war der Zusatz von Natriumsilicat, wobei es uns hier natürlich nicht um die Natriumionen, sondern um die SiO_3''-Ionen ging. Besonders von einer Bildung von Calciumsilicat erwarten *Samuelson* und *Jonsén* [17] eine starke Filtrationsstörung. Wir haben diesen Aspekt nicht im Detail verfolgt, sondern zunächst lediglich den Einfluß steigender Natriumsilicatmengen auf den Filterwert eines relativ aschearmen Sulfitzellstoffs untersucht (Bild 10a). Der zunächst starke Abfall des Filterwerts bei kleinen Zusätzen spricht jedoch sehr für die geäußerte Annahme, daß die sich bildenden unlöslichen Silicate, in erster Hand Calciumsilicat, für den Effekt verantwortlich sind, und daß das lösliche Natriumsilicat selbst relativ harmlos ist. Gefährlich wird erst wieder SiO_2 in der unlöslichen Form von Sand oder unlöslichen Silicaten, wie noch dargelegt werden wird.

Von weiteren Fremdionen wurde noch Eisen untersucht (Bild 11). Die gefundene Abnahme des Filterwertes entspricht etwa den Angaben anderer Autoren. Interessant ist jedoch die Tatsache, daß bei fehlangepaßter Tauchlaugenkonzentration der Einfluß des Eisens viel stärker in Erscheinung tritt. Ein ähnliches Verhalten wird anscheinend bei mehreren Fremdstoffen beobachtet. Dies zeigt erneut von einem anderen Gesichtswinkel aus, wie wesentlich die Optimierung der einzelnen Prozeßstufen unter Zugrundelegung des jeweils eingesetzten Zellstoffes ist.

Einflüsse der Eisenionen auf das Spinnverhalten sollen hier nicht näher diskutiert werden, doch sei angemerkt, daß alle Prozesse zur Herstellung hochfester Fasern mehr oder minder empfindlich auf Eisenverunreinigungen ansprechen.

Schließlich sei noch der Einfluß von SiO_2-Partikeln demonstriert. Durch Mahlen und Fraktionieren haben wir Quarzsand in vier Fraktionen mit den mittleren Korndurchmessern 9, 12, 50 und 100 µm aufgeteilt. Die Größenhäufigkeitsverteilung und der mittlere Korndurchmesser gehen aus dem *Rosin/Rammler/Bennetts*-Wahrscheinlichkeitsdiagramm [18] in Bild 12a hervor. Die Quarzsandfraktionen wurden hierauf in verschiedenen Verarbeitungsstufen dem Reaktionsgemisch zugegeben, und anschließend wurde die Filtrierbarkeit der so erhaltenen Viskosen in Abhängigkeit von der SiO_2-Menge in der Viskose gemessen. Bild 12b zeigt das Ergebnis. Die gröbste Fraktion, die praktisch nicht in das Filtermaterial eindringt, beeinflußt, wie zu erwarten, kaum die Filtrierbarkeit, während die übrigen Fraktionen den Filterwert stark herabsetzen und zwar um so stärker, je kleiner die Teilchen sind. Hingegen scheint die Art bzw. der Zeitpunkt der Zugabe, ins-

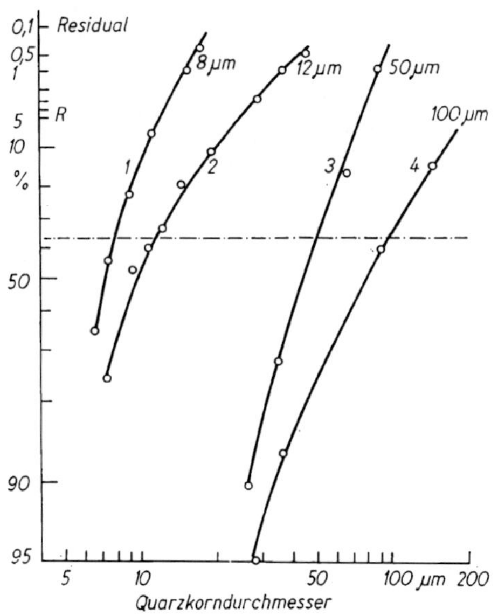

Bild 12a. Größenhäufigkeitsverteilungen der Quarzsandkörner, dargestellt in einem *Rosin/Rammler/Bennett*-Wahrscheinlichkeitsnetz

besondere wenn man eventuelle Verluste an SiO_2 und Verschiebungen in der Größenverteilung mit einkalkuliert, eine untergeordnete Rolle zu spielen.

Diese Laborversuche finden auch bei der Testung der Filtrierbarkeit von Vikosezellstoffen mit stark unter-

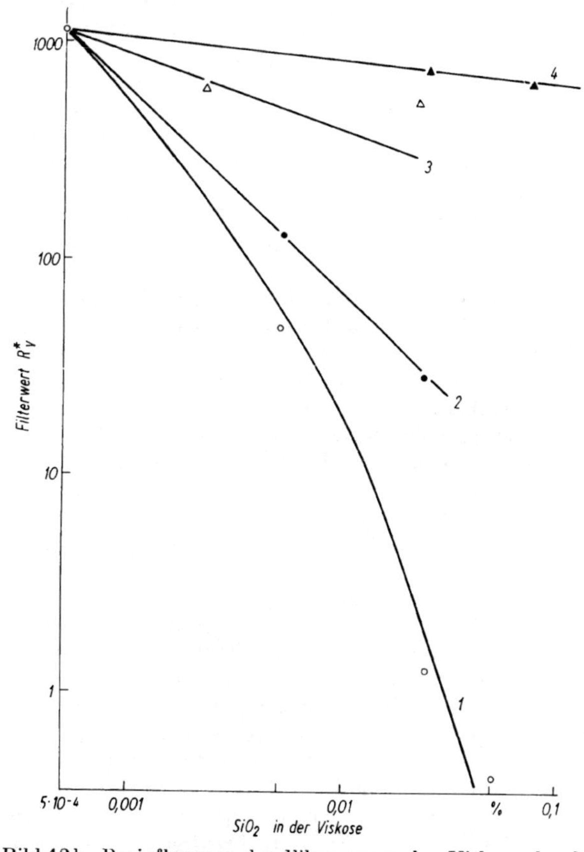

Bild 12b. Beeinflussung des Filterwertes der Viskose durch Zugabe von Quarzsandpartikeln verschiedenen Durchmessers

Tabelle 5. Einfluß des Mineralaschengehaltes auf den Filterwert

Zellstoffmuster	säureunlösliche Asche ppm	red. Filterwert R_v^*
A	24	1045
B	80	450
C	134	285
D	171	240

schiedlichem Gehalt an säureunlöslichen Aschenbestandteilen eine Bestätigung, wie Tabelle 5 zeigt.

Ausblick

Um an die vorhin einleitend genannten Gesichtspunkte anzuknüpfen, können wir uns abschließend die Frage vorlegen, wie soll nun der zukünftige Viskosezellstoff beschaffen sein und welche weiteren Alternativen sind denkbar?

Um den Preis in akzeptablen Grenzen zu halten, soll der Zellstoff bei hoher Koch-Ausbeute einen solchen Veredlungsgrad besitzen, der noch garantiert, daß keine Nachteile im Betrieb oder Senkung in der Qualität des Endproduktes auftreten. Auch die Frage nach einer Veredlung im Viskosebetrieb, z. B. durch eine Doppelalkalisierung, ist in Betracht zu ziehen. Bessere Reaktivität und größere Reinheit in bezug auf Nichtkohlenhydrat-Verunreinigungen sollen den Zellstoff auch in verarbeitungstechnischer Hinsicht ökonomischer machen — z. B. durch Verringerung der Filtrationskosten — und die Qualität des Endproduktes anheben.

Literatur

[1] Vgl. statistische Angaben in Textile Organon **40** (1969) und **41** (1970).
[2] *O'Neil, H.:* Strukturelle Entwicklungen in der Chemiefaser- und der Textilindustrie. Chemiefasern **20** (1950), CIRFS-Bulletin 2/70.
[3] *Butterworth, G. A. M.:* How non-wovens are made. Pulp & Paper Internat. **11** (1969) 9, S. 38—40.
[4] *Studt, H. J.:* Stand der Reifenkordentwicklung unter dem Gesichtspunkt der verschiedenen Rohstoffe. Chemiefasern **19** (1969) S. 528—535.
[5] *Goy, R. S.*, und *Jenkins, J. A.:* Industrial applications of textiles. Textile Progress **2** (1970) 1, S. 1—10.
[6] *Ducrot, J. M.:* The present state and future prospects of non-woven fabrics. In: Studies of Modern Fabrics, Textile Inst., Manchester 1970, S. 70—84.
[7] *Ward, J. S.*, und *Hill, R.:* Viscose fibres of modified dyeability. Textile Inst. & Ind. **7** (1969) S. 274—276.
[8] *Croon, I.*, *Jonsén, H.*, und *Olofsson, H. G.:* The influence of pulp resin on the properties of HWM-fibres. Pure & appl. Chem. **14** (1967) S. 307—316.
[9] *Hedlund, I.*, *Dunbrant, St.*, und *Wilson, K.:* The influence of pulp impurities on yarn strength. Svensk Papperstidn. **71** (1968) S. 241—245.
[10] *Croon, I.*, *Jonsén, H.*, und *Olofsson, H. G.:* Hemicellulose in pulp, viscose and yarn. Svensk Papperstidn. **71** (1968), S. 40—45.
[11] *Kleinert, Th.:* Gebundener Kalk in Kunstfaserzellstoffen und sein Verhalten im Viskoseprozeß. Textil-Rdsch., St. Gallen **7** (1952) S. 98—102.
Kleinert, Th., und *Wincor, W.:* Gebundener Kalk in Kunstfaserzellstoffen und sein Verhalten im Viskoseprozeß. Einfluß bei der Alkalisierung. Svensk Papperstidn. **53** (1950) S. 638—643.
Greenwood, C. T., und *Matheson, N. K.:* The interaction between complex acidic polysaccharides in solution and metal ions. Chemistry & Ind. **37** (1956) S. 988.
Anthoni, B., und *Sihtola, H.:* Investigations on the viscose process. 4. Behaviour of magnesium and calcium in mercerization and dialysis. Paperi ja Puu, Helsinki (Papier u. Holz) **38** (1956) S. 521—522, 571.
Sarten, P.: Papier **10** (1956) S. 554—564.

[12] *Vuori, R.:* Dissertation T. H. Helsinki 1947. Vgl. auch *Vuori, R.:* Faktorer, som inverka på viskosens filtrering. Svensk Papperstidn. **49** (1946) S. 95—96.

[13] *Matthes, A.:* Statistische Urteilsbildung in der Forschung der Zellstoff- und Regeneratfaser-Industrie. Papier **16** (1962) S. 229—236.

[14] *Treiber, E.*, und *Abrahamson, B.:* Über die Abhängigkeit der Vorreifegeschwindigkeit der Alkalizellulose von der Tauchlaugenkonzentration. Holzforsch. u. Holzverwertg. **21** (1969) S. 134—135.

[15] *Treiber, E.:* The influence of some steeping parameters on filter value and particle content in the viscose. Svensk Papperstidn. **71** (1968) S. 99—106.

[16] *Magister, G., Müller, K.*, und *Riffer, R.:* Untersuchungen zum Einfluß von löslichen Aschebildnern im Viskosezellstoff auf die Qualität daraus hergestellter Feinseide. Faserforsch. u. Textiltechnik **18** (1967) S. 417—422.

[17] *Samuelson, O.*, und *Jonsén, H.:* Filtrations-Untersuchungen an Viskosen. II. Svensk Papperstidn. **52** (1949) S. 448—450.

[18] *Herdan, G.:* Small Particle Statistics. 2. Aufl. London: Butterworths 1960. *Rosin, P., Rammler, E.*, und *Sperling, K.:* 25. Berichtsfolge des Reichskohlenrates. C 52. Berlin 1933.

Eingegangen am 27. Oktober 1970

Herstellung und Verwendung von Celluloseacetatfasern[1)]

Jacques Corbière

Rhodiaceta Société Anonyme, Lyon

DK 677.464. „71“: 677.021.122:22:677.464.061.5/.7

Nach einem historischen Überblick über die Entwicklung der Acetatproduktion und die damit zusammenhängenden Probleme wird auf den gegenwärtigen technischen Stand des Acetylierungsprozesses — insbesondere auf das kontinuierliche Verfahren — sowie auf das Spinnen von Acetat und Triacetat eingegangen. Die textilphysikalischen, chemischen und thermischen Eigenschaften sowie ökonomische und prognostische Aspekte einschließlich der Produktionsziffern von Acetatfaserstoffen werden behandelt. Diskutiert werden besonders die Einsatzgebiete für Acetat- und Triacetatfaserstoffe.

Производство и применение ацетатных волокон

После обзора истории развития поизводства ацетилцеллюлозы и связанных с этим проблем рассматриваются современный уровень технологии процесса ацетилирования — в частности, непрерывный метод — и методы формования триацетатного и ацетатного волокон. Кроме того, приводятся данные о физико-механических, химических и термических свойствах этих волокон и затрагиваются вопросы об ема их производства, экономики и будущего развития. В заключение подробно обсуждаются области применения ацетатных и триацетатных волокон.

Production and Application of Cellulose Acetate Fibres

A historical review of the development of the production of cellulose acetate and its problems is followed by a presentation of the present state of the acetylation process, particularly of continuous methods, and the spinning process of acetate and triacetate. The physical, chemical and thermal properties of acetate fibres as well as the economics and future trends of acetate fibre production are considered. The application of acetate and triacetate fibres is discussed.

Historischer Überblick

Celluloseacetat ist nunmehr schon ein etwa hundert Jahre altes Produkt. Es wurde im Jahre 1869 durch den französischen Chemiker *Schützenberger* entdeckt. *Schützenberger* ließ in Gegenwart geeigneter Katalysatoren Essigsäureanhydrid auf Cellulose einwirken und erhielt den Triessigsäureester von Polyglucose; um die sterischen Verhältnisse anzudeuten, ist dieses Produkt besser als Hexa-Essigsäureester von Polycellobiose zu formulieren:

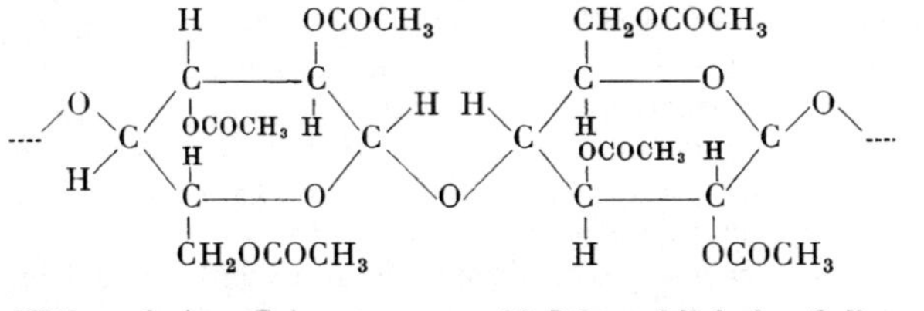

Während eines Zeitraumes von 40 Jahren blieb das Celluloseacetat zunächst ein Laboratoriumsprodukt. Erst vom Jahre 1904 ab wurde es in Deutschland von der Fa. Bayer industriell hergestellt und unter der Bezeichnung CELLIT gehandelt. Zum Spinnen von Cellulosetriacetat wandte man einen Trocken-Spinnprozeß an; dieses Verfahren, bei dem man Chloroform als Lösungsmittel verwendete, erinnert an den *Chardonnet*-Prozeß. Infolge der Produktionskosten, der Toxizität des Lösungsmittels und des ungenügenden coloristischen Verhaltens der ersponnenen Fäden waren diese Arbeiten wenig erfolgreich; die Produktion wurde eingestellt.

Etwa zur gleichen Zeit fand der amerikanische Chemiker *Miles*, daß sich das Cellulosetriacetat durch partielle Hydrolyse zu sekundärem Celluloseacetat umsetzen ließ, das $2^1/_2$ Acetylgruppen pro Glucoseeinheit enthielt. Dieses Celluloseacetat wird zuweilen als „$2^1/_2$-Acetat“ bezeichnet. Man sollte allerdings diese Bezeichnung, die nicht der offiziellen Nomenklatur (beispielsweise ISO) entspricht, vermeiden, da die Anzahl der Acetylgruppen pro Glucoseeinheit bei solchen industriell hergestellten Sekundäracetaten nicht dem Wert $2^1/_2$ entspricht. Etwa 80% der Hydroxylgruppen sind acetyliert, so daß man nicht von einem $2^1/_2$-Acetat, sondern von einem 2,4-Acetat sprechen kann; Celluloseacetate verschiedener Hersteller weisen etwas unterschiedliche Substitutionsgrade auf.

Das sekundäre Celluloseacetat wurde zunächst von der Lackindustrie verwendet. Ein wesentliches Einsatzgebiet von Lacken auf Acetatbasis war während des ersten Weltkrieges der Tragflächenanstrich von Militärflugzeugen.

Am Ende des ersten Weltkrieges verfügten mehrere Länder über große Produktionskapazitäten für Celluloseacetat, ohne daß lohnende Einsatzgebiete erkennbar gewesen wären. Man stellte sich die Frage nach der Zukunft dieser Anlagen. Da Celluloseacetat wesentlich leichter löslich war als Triacetat — und zwar in einfacheren und weniger toxischen Lösungsmitteln wie beispielsweise Aceton —, lag das Spinnen des

[1)] Vorgetragen auf dem 3. Internationalen Chemiefasersymposium in Dresden am 4. Dezember 1970.

Celluloseacetats nahe. In einigen Ländern begann man daher, Celluloseacetatfäden industriell zu erzeugen. Die bedeutendsten Firmen waren folgende:

Deutschland:	IG Farben (ACETA),
Frankreich:	RHODIACETA (eine Tochtergesellschaft von RHÔNE-POULENC und CTA),
England:	CELANESE,
USA:	CELANESE und einige Zeit später DU PONT (mit RHODIACETA-Lizenz).

Während der ersten Jahre zeigten sich bei der Entwicklung von Chemiefaserstoffen dieses Typs Schwierigkeiten; diese Faserstoffe ließen sich nämlich mit den herkömmlichen Direktfarbstoffen oder sauren Farbstoffen kaum anfärben. Das coloristische Problem wurde erst gelöst, als die Farbstoffhersteller eine neue Klasse von Produkten — die Dispersionsfarbstoffe — fanden. Diese Dispersionsfarbstoffe sind in Wasser unlöslich; sie werden in Form einer sehr feinen Dispersion in dem wäßrigen Färbebad angewandt. Man nennt die Dispersionsfarbstoffe heute häufig „plastolösliche" Farbstoffe; damit soll angedeutet werden, daß sich der Farbstoff während des Färbeprozesses physikalisch löst. Diese Farbstoffe lassen sich allgemein anwenden, und zwar sowohl bei Synthesefaserstoffen als auch Faserstoffen auf Basis Celluloseester (Polyamide, Polyester, PVC, Cellulosetriacetat usw.).

Seit 1950 wandte man sich in einigen führenden Industrieländern wiederum dem Spinnen von Cellulosetriacetat zu; diese Entwicklung wurde durch folgende Gründe bestimmt:

1. Man hatte Möglichkeiten gefunden, das Cellulose-triacetat mit sehr guten Ergebnissen zu Fäden zu spinnen; als Lösungsmittel setzte man ein Gemisch von Methylenchlorid und Methanol ein; beide Lösungsmittel werden großtechnisch hergestellt und sind billig.
2. Triacetat läßt sich mit den gleichen plastolöslichen Farbstoffen anfärben wie sekundäres Celluloseacetat, Polyamid oder Polyester. Eine große Anzahl solcher Produkte mit hohem Gebrauchswert ist entwickelt worden.
3. Triacetat kann ebenso wie die Synthetics pflegeleicht werden, wenn man es einem geeigneten Thermofixierungsprozeß unterwirft.

Auf dem Markt finden wir also heute Sekundäracetat-Faserstoffe (in Übereinstimmung mit den ISO-Regeln gewöhnlich als „Acetat" bezeichnet) sowie Triacetat-Faserstoffe, die üblicherweise nur „Triacetat" genannt werden und die als Fasern und als Seiden zur Verfügung stehen.

Der Herstellungsprozeß beider Faserstoff-Typen ist in vieler Hinsicht ähnlich; beide Verfahren sollen deshalb zusammen beschrieben werden, wobei — wenn erforderlich — auf Unterschiede hingewiesen wird.

Der Acetylierungsprozeß

Die Cellulose kann entweder homogen oder im heterogenen System acetyliert werden. Die heterogene Acetylierung wird nur für die Herstellung von Triacetat angewandt, während die homogene Acetylierung sowohl für die Produktion von Acetat als auch für die Erzeugung von Triacetat geeignet ist.

Bei der homogenen Acetylierung wird die Cellulose (Linters oder hochveredelter Holz-Zellstoff) zunächst durch Behandlung in Wasser oder Essigsäure aktiviert. Der Aktivierungsprozeß erfordert den Zusatz von geringen Mengen geeigneter Katalysatoren. Solche Katalysatoren stehen in großer Zahl zur Verfügung; man setzt entweder starke Mineralsäuren (beispielsweise Phosphorsäure, Schwefelsäure und Perchlorsäire) oder bestimmte Salze (beispielsweise Alkaliperchlorate, Zinkchlorid usw.) ein. Nach der Aktivierung wird die Cellulose mit einem Gemisch von Essigsäure und der erforderlichen Menge Essigsäureanhydrid behandelt. Wurde in wäßrigem Medium aktiviert, dann wird die Cellulose nach der Aktivierung getrocknet. Man setzt dem Acetylierungsgemisch einen Katalysator zu, der mit dem Aktivierungskatalysator identisch sein kann, aber nicht identisch zu sein braucht. Meist wird konzentrierte Schwefelsäure als Katalysator benutzt. Die Acetylierung ist eine exotherme Reaktion. Es ist daher erforderlich, die Reagenzien entsprechend einem bestimmten Programm zuzugeben und den Temperaturverlauf durch Einsatz geeigneter Geräte sorgfältig zu kontrollieren; ein solches Programm ist ein wesentlicher Teil des Prozesses. Setzt man die Reagenzien in zu großen Mengen zu oder erreicht die Temperatur unvorhergesehene Werte, dann resultiert ein Produkt schlechter Qualität. Die Acetylierung wird durch Zugabe eines Wasser/Essigsäure-Gemisches abgebrochen; dieses Gemisch muß soviel Essigsäure enthalten, daß keine Ausfällung von Celluloseacetat eintritt.

Es ist nicht möglich, ein homogenes und definiertes Produkt mit einem Acetylierungsprozeß zu erhalten, der unter dem des Triacetates liegt. Aus diesem Grund wird die Reaktion nur dann beendet, wenn der dem Triacetat entsprechende Acetylierungsgrad erreicht ist. Soll das Endprodukt Triacetat sein, dann wird das Reaktionsgemisch entweder in einen Fällungsbehälter überführt oder stabilisiert, damit die Lösung direkt zu Fäden gesponnen oder zu Filmen gegossen werden kann. Soll sekundäres Acetat hergestellt werden, setzt man der Lösung ein Hydrolysegemisch zu, und zwar im allgemeinen verdünnte Schwefelsäure. Der Verlauf der Hydrolyse muß sorgfältig kontrolliert werden, bis der geforderte Acetylierungsgrad erreicht ist; danach wird das Acetat durch Eingießen der Lösung in Wasser ausgefällt. Das ausgefällte Acetat wird gewaschen, getrocknet und in einigen Fällen mit heißem Wasser oder Dampf stabilisiert.

Statt der Essigsäure können auch andere Lösungsmittel angewandt werden. In einigen sehr bedeutenden Produktionsanlagen arbeitet man mit Methylenchlorid. Die Einzelheiten des Prozesses sind dann etwas anders, das Prinzip ist aber das gleiche.

Bei der heterogenen Acetylierung wird die aktivierte Cellulose in einer nichtlösenden Flüssigkeit — beispielsweise Benzol — dispergiert; dann setzt man Essigsäureanhydrid und Katalysator zu, bis die Acetylierung beendet ist. Es ist auf diese Weise möglich, direkt ein Acetylierungsprodukt zu erhalten, das mittlere Substitutionsgrade aufweist. Diese Ester mit mittleren Substitutionsgraden sind allerdings unlöslich und können daher nicht gesponnen werden. Man wendet deshalb diese heterogene Acetylierung hauptsächlich zur Herstellung von Triacetat an. Die heterogene Acetylierung wird auch dann angewandt, wenn die Eigenschaften von textilen Cellulosefaserstoffen durch eine Acetylierung verändert werden sollen. Beispiele hierfür sind die Acetylierung von Baumwolle, Viskoseseide usw.

Nach dem zweiten Weltkrieg gelang es, die Acetylierung kontinuierlich zu gestalten. Das kontinuierliche Verfahren bedeutete einen wesentlichen Fortschritt. Heute arbeitet man in Frankreich in großem Maßstabe nach diesem Verfahren; in der Sowjetunion wird

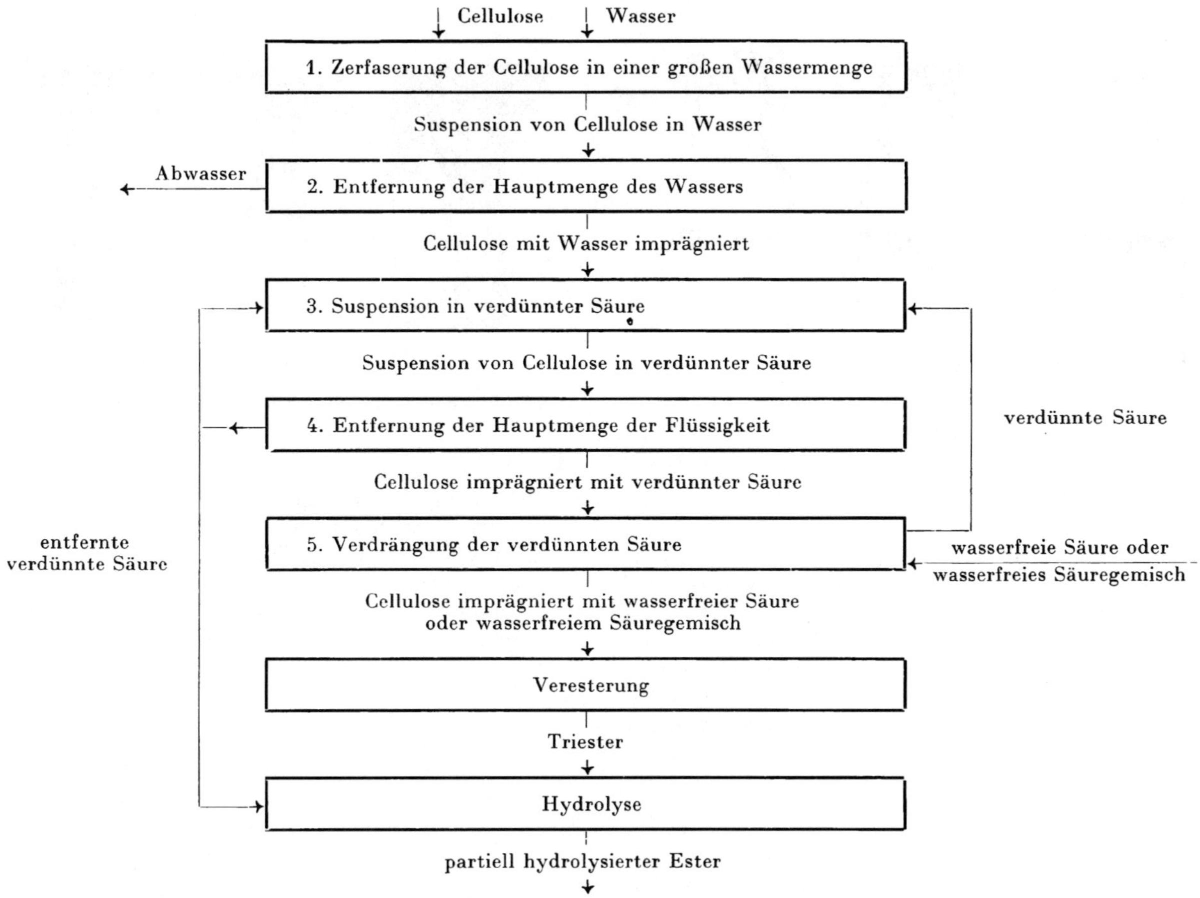

Bild 1. Fließschema für den kontinuierlichen Herstellungsprozeß von Celluloseestern (nach USP 2854446)

gleichfalls kontinuierlich acetyliert, und zwar mit französischen Lizenzen. Diese kontinuierliche Acetylierung ist das Ergebnis langwieriger Forschungsarbeiten. Das erste Patent erschien im Jahre 1947; produktionsreif hingegen war das Verfahren erst etwa 10 Jahre später.

Bild 1 zeigt das Fließschema der kontinuierlichen Acetylierung. Aus dem Schema ist zu entnehmen, daß die Cellulose zunächst sorgfältig dispergiert und in Wasser gequollen wird. Anschließend aktiviert man in verdünnter Essigsäure; die verdünnte Essigsäure wird dann durch konzentrierte Essigsäure ersetzt. Außerdem werden Essigsäureanhydrid und Katalysator zugegeben. Die Bedingungen sind derart, daß die Acetylierung bis zum Triacetat verläuft. Nach der Umsetzung wird die Triacetatlösung entweder in Fällungsgefäße überführt, oder aber das Triacetat wird zum sekundären Acetat hydrolysiert.

Selbstverständlich erforderte jede dieser Prozeß-Stufen einen erheblichen Aufwand an experimenteller Arbeit, bevor man ausreichende Ergebnisse erhielt. Im Hinblick auf diese Einzelheiten wurden viele Patente erteilt. Es waren spezielle Apparaturen erforderlich, die eine hohe Verfahrenssicherheit zu gewährleisten hatten; die apparative Seite machte einen sich über mehrere Jahre erstreckenden erheblichen Aufwand an technologischer Forschungsarbeit notwendig. Man kann sagen, daß bei einem solchen Prozeß das „know-how“ ebenso wichtig ist wie die Patente. Viele Mitarbeiter der RHODIACETA verbrachten mehrere Wochen in Jerewan (UdSSR) und leisteten technische Unterstützung bei der Produktionsaufnahme der kontinuierlichen Acetylierung; die Anlage produziert nach einer französischen Lizenz. Die Kapazität einer einzigen kontinuierlich arbeitenden Acetylierungsanlage beträgt gegenwärtig 900 t/Monat; es ist beabsichtigt, die Kapazität auf über 1000 t/Monat zu steigern, ohne daß irgendwelche apparativen Veränderungen notwendig werden. Sehr interessant sind die Ergebnisse, und zwar besonders hinsichtlich der Gleichmäßigkeit und der Gestehungskosten bei der Herstellung eines Standardproduktes. Insbesondere sei darauf hingewiesen, daß die Filtrierbarkeit der durch diese kontinuierliche Acetylierung erhaltenen Acetatlösungen ausgezeichnet ist; das Filtrationsverhalten ist zweimal so gut wie im Falle des diskontinuierlichen Verfahrens.

Sehr wesentlich sind die Fällungsbedingungen sowie das Auswaschen und die Stabilisierung; das trifft sowohl für den kontinuierlichen als auch für den diskontinuierlichen Prozeß zu. Den Einfluß dieser Bedingungen auf die Löslichkeit zeigt Bild 2; die hier gelösten Präparate stammen von der gleichen Acetylierungscharge und unterscheiden sich nur in den Fällungsbedingungen.

Bild 2. Zum Einfluß der Fällbedingungen auf die Löslichkeit der Acetate

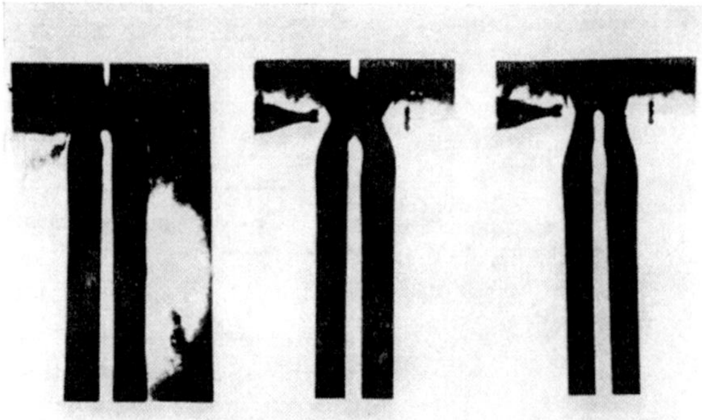

Bild 3. Aus der Kapillare ausfließende Celluloseacetatlösung

Der Spinnprozeß

Celluloseacetat wird ausschließlich durch den Trocken-Spinnprozeß zu Fäden und Fasern verformt. Als Lösungsmittel benutzt man Aceton, gelegentlich unter Zusatz geringer Anteile von Äthyl- oder Methylalkohol. Für das Spinnen muß das Celluloseacetat einen ausreichend hohen DP aufweisen, damit gute Festigkeiten erhalten werden. Der DP darf allerdings auch nicht zu hoch sein, da dann wegen der übermäßig hohen Scherviskosität der Spinnprozeß nachteilig beeinflußt wird. Der DP kann als optimal angesehen werden, wenn die spezifische Viskosität etwa 0,300 beträgt (gemessen bei 45 °C in einer Glykol/Formal-Lösung, 2 g/l). Die Celluloseacetatkonzentration der Spinnlösung liegt bei 22 bis 26%.

Triacetat kann sowohl nach dem Trocken- als auch nach dem Naßspinnverfahren verarbeitet werden. Den Trockenspinnprozeß wendet man gewöhnlich für die Herstellung von Endlosfäden an; wie bereits erwähnt, setzt man als Lösungsmittel ein aus Methylenchlorid und Alkohol (entweder Methyl- oder Äthylalkohol) bestehendes Gemisch ein. Der Alkoholanteil in diesem Lösungsmittelgemisch beträgt etwa 10%. Man sollte auch beim Triacetat einen DP einstellen, der in der gleichen Größenordnung liegt wie bei dem Spinnen von sekundärem Acetat. Die Konzentration der Spinnlösung liegt zwischen 18 und 22%. In jedem Falle muß die Spinnlösung vor dem Spinnen sorgfältig filtiert werden.

Der Autor diskutierte bereits die grundsätzlichen Aspekte des Trockenspinnprozesses, und zwar auch im Hinblick auf Acetat und Triacetat[2]). Da das Buch zugänglich ist, sollen diese Dinge hier nicht noch einmal wiederholt werden. Es soll nur darauf hingewiesen werden, daß sich die Eigenschaften der trockengesponnenen Fäden bereits wenige Zentimeter nach Verlassen der Spinndüse — also unmittelbar hinter der Düse — ausbilden. Legt man eine mittlere Spinngeschwindigkeit von 300 m/min zugrunde, dann durchläuft der Faden in 0,002 s eine Strecke von 1 cm. Unmittelbar hinter der Düse spielen zwei Phänomene eine wesentliche Rolle:

1. Der Verzug des sich bildenden Fadens beim Austritt aus den Düsenbohrungen (auf einer Länge von etwa 0,1 mm); dieser Effekt läßt sich durch die verschiedenen Formen der aus einer Düsenbohrung austretenden Tropfen veranschaulichen, wie in Bild 3 gezeigt.
2. Der Verdampfungsprozeß, der von folgenden Einflußgrößen abhängt:
   a) Lösungsmittel-Rückhaltevermögen durch das ersponnene Polymere;
   b) Dampfdruck des Lösungsmittels bei der Arbeitstemperatur. Bei der Arbeitstemperatur ist nicht nur die Temperatur der Spinnlösung und/oder die Temperatur des Spinnschachtes zu berücksichtigen, sondern auch die Abkühlung, die durch die Verdampfung des Lösungsmittels hervorgerufen wird;
   c) der Sättigungsgrad des den Faden umgebenden Gases mit Lösungsmitteldampf an jedem betrachteten Punkt des Fadenverlaufes;
   d) die Verdampfungsoberfläche (Fadendurchmesser):
   e) die Extrusionsgeschwindigkeit:
   f) die Geschwindigkeit und Richtung der Gaszirkulation im Spinnschacht.

Entsprechend den verschiedenen Verhältnissen von Oberflächen-Verdampfungsgeschwindigkeit zu Diffusionsgeschwindigkeit des Lösungsmittels aus dem

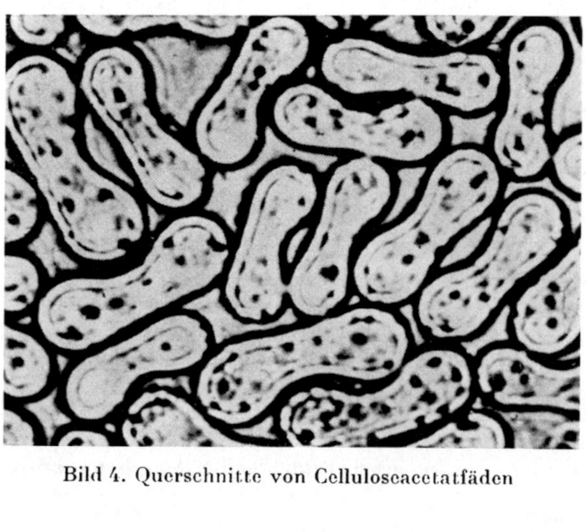

Bild 4. Querschnitte von Celluloseacetatfäden

[2]) *H. F. Mark, S. M. Atlas* und *E. Cernia;* Man-made Fibers: Science and Technology, Vol. 1, S. 133—167. New York/London/Sidney: Interscience Publ. Wiley & Sons 1967.

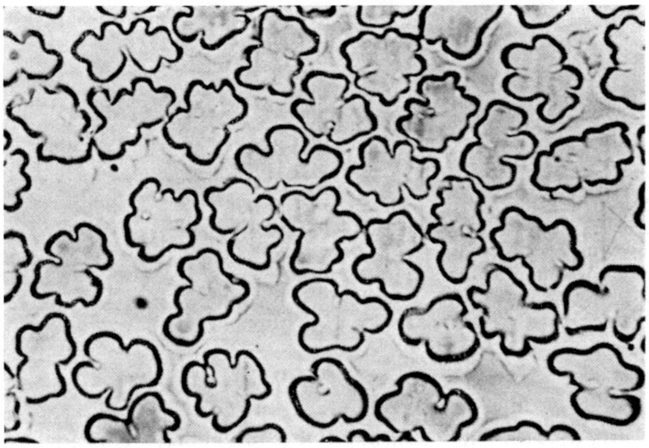

Bild 5. Querschnitte von Celluloseacetatfäden

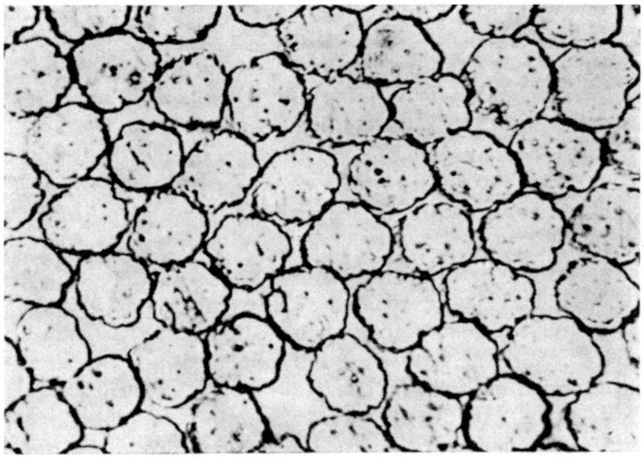

Bild 6. Querschnitte von Celluloseacetatfäden

Fadeninneren zur Oberfläche können mit kreisförmigen Düsenbohrungen sehr verschiedene Querschnitte erhalten werden. Die Bilder 4, 5 und 6 zeigen einige Beispiele dazu.

Neuere Untersuchungen haben ergeben, daß die Reckung der Fäden nicht nur eine Folge des Verhältnisses von Extrusionsgeschwindigkeit zu Abzugsgeschwindigkeit ist, sondern daß sich hier auch die latente Energie des Fadens selbst — das heißt der Austrittsdruck — bemerkbar macht. Bild 7 zeigt ein Spinnschema, bei dem die Extrusionsrichtung und die Abzugsrichtung einen spitzen Winkel einschließen; die latente innere Energie des extrudierten Fadens führt dazu, daß die Fäden zunächst in der Extrusionsrichtung verlaufen, und zwar während eines Zeitraumes, der von den Extrusionsbedingungen und von der Abzugsgeschwindigkeit abhängt.

Es wurde bereits darauf hingewiesen, daß die Spinngeschwindigkeiten bei Trockenspinnprozessen im allgemeinen einige Hundert Meter pro Minute betragen.

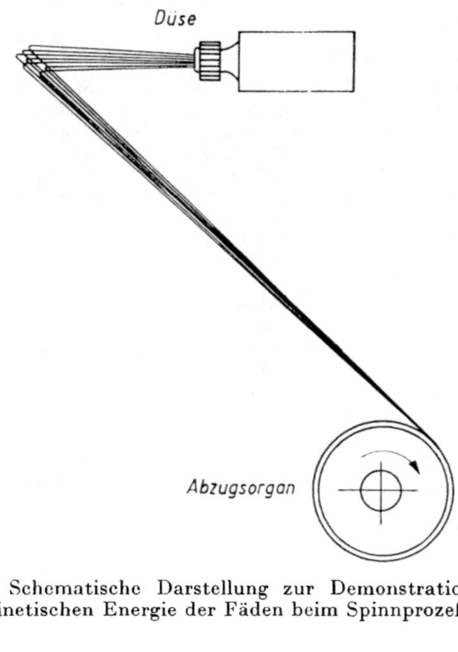

Bild 7. Schematische Darstellung zur Demonstration der kinetischen Energie der Fäden beim Spinnprozeß

Neuere Untersuchungen haben ergeben, daß es bei genauer Abstimmung von Spinnschachtkonstruktion, Luftstrom, Temperaturen usw. aufeinander sowie mit einer speziellen Abzugsvorrichtung zumindest beim Acetat möglich ist, die Spinngeschwindigkeit auf 1500 m/min oder mehr zu steigern. Im Moment lassen sich allerdings derart hohe Spinngeschwindigkeiten noch schwierig beherrschen.

Bei Triacetat wird der Naßspinnprozeß hauptsächlich zur Herstellung von Stapelfasern angewandt. Man leitet das stabilisierte Acetylierungsgemisch direkt zu einer konventionellen Naßspinnmaschine. Es werden Düsen mit 1000 Bohrungen verwendet. Da beim Naßspinnprozeß die Spinngeschwindigkeiten wesentlich niedriger sind als beim Trockenspinnprozeß, ist dieses Verfahren für Seiden uninteressant. Das Naßspinnen von Triacetat erfordert keine speziellen Erläuterungen.

Vergleich der Eigenschaften von Acetat und Triacetat

Soweit es die mechanischen Eigenschaften anlangt, gibt es keine signifikanten Unterschiede zwischen Acetat und Triacetat. Bei beiden Faserstoffen beträgt die Festigkeit 10 bis 15 p/tex; die Bruchdehnung der Endlosfäden liegt zwischen 25 und 30%.

Hinsichtlich der Dichte liegt das Triacetat mit 1,30 etwas niedriger als das Acetat mit 1,33; der Wert von 1,33 entspricht im wesentlichen der Dichte der Wolle.

Triacetat ist gegenüber Wasser weniger empfindlich. Behandelt man die Faserstoffe mit Wasser und zentrifugiert anschließend bei 1000 g, dann hält Acetat 25 bis 28% Wasser zurück, während beim Triacetat nur 16 bis 17% gefunden werden; bei Synthetics ist das Wasserrückhaltevermögen noch geringer. Im Normklima beträgt die Feuchteaufnahme des Triacetats 4 bis 4,5% gegenüber 6 bis 6,5% beim Acetat. Das Wasserrückhaltevermögen des Triacetats kann durch eine geeignete thermische Behandlung bis auf etwa 10% herabgesetzt werden, wobei die Feuchteaufnahme (Normklima) auf 2,5 bis 3% abnimmt. Durch diese thermische Behandlung wird die kristalline Struktur modifiziert, und zwar wahrscheinlich in ähnlicher Weise wie bei den Polyamiden, den Polyestern und den Acrylnitrilpolymeren. Hier liegt der wichtigste Unterschied zwischen den beiden Typen von Acetatfaserstoffen. Beim Triacetat bietet sich die Möglichkeit, pflegeleichte Kleidung herzustellen. Da der gute Griff und die Weichheit von Acetat allgemein anerkannt sind und da zusätzlich noch Pflegeleichteigenschaften erreicht werden können, wird dieser Faserstoff außerordentlich geschätzt, und zwar besonders für bedruckte Stoffe, die man zu Damenblusen und -kleidern verarbeitet.

Infolge der geringeren Wasserempfindlichkeit ist die Färbung von Triacetat etwas schwieriger; hier ist es erforderlich, bei Siedetemperatur zu arbeiten und zuweilen auch Carrier einzusetzen. Durch Trichloräthylen werden die Farbstoffe aus dem Triacetat leicht entfernt; man muß daher für die Trocken-Reinigung ausschließlich kaltes Perchloräthylen oder Benzin benutzen. Triacetat ist gegenüber alkalischen Lösungen weniger empfindlich; das erweist sich als Vorteil, wenn Triacetat in Mischung mit Baumwolle verarbeitet wird. Zuweilen wendet man eine leichte Oberflächen-Verseifung an, um die elektrostatische Aufladung der Kleidungsstücke zu reduzieren.

Tabelle 1 zeigt die thermischen Eigenschaften von Acetat und Triacetat. Aus der Tabelle ist zu ersehen, daß der Schmelzpunkt des Triacetats höher liegt als der aller „klassischen" Chemiefaserstoffe.

In Tabelle 2 haben wir dargestellt, wie die wichtigsten organischen Lösungsmittel auf Acetat und Triacetat wirken.

Einsatzgebiete

Triacetat ist teurer als Acetat; Tabelle 3 gibt einen Überblick über veröffentlichte Preisrelationen.

Sowohl die thermische Nachbehandlung als auch die Färbung erklären diesen Preisunterschied. Eine einfache Substitution des einen Faserstoffes durch den anderen wäre eine unrealistische Vorstellung. Für jeden Faserstoff müssen die optimalen Einsatzgebiete gefunden werden; in den meisten Fällen beispielsweise werden bei gewirkten Kleidungsstücken die Vorteile des Triacetats nicht ausgenutzt, wenn man das Acetat durch Triacetat ersetzt.

Die Angaben über produzierte Mengen beziehen sich auf die Summe von Acetat und Triacetat; es ist daher nicht möglich, zu sagen, in welchem Mengenverhältnis beide Faserstoffe zueinander stehen. Man vertritt allgemein die Auffassung, daß der Anteil des Triacetats in den angelsächsischen Ländern etwa 30% beträgt; diese Ansicht läßt sich allerdings nicht durch offizielle Zahlen bestätigen. Im Jahre 1969 betrug die Weltproduktion an Acetat und Triacetat insgesamt 428500 t; davon waren 29500 t Stapelfasern. Die USA erzeugten die Hälfte der Seiden und $^2/_3$ der Fasern. Vergleicht man für das Jahr 1969 die Acetatproduktion mit der Weltproduktion von Polyamid (1627000 t) oder Polyester (1347000 t), dann zeigt sich, daß die Acetatproduktion gegenwärtig 23,6% der Polyamid- und 31,8% der Polyesterproduktion beträgt. Der Prognose für die

Tabelle 1. Thermisches Verhalten von Celluloseacetat und -triacetat

	Acetat	Triacetat	
		unbehandelt	thermofixiert
Schmelzpunkt in °C	255	300	300
maximale Bügeltemperatur in °C	180	180	240
Klebetemperatur in C°	190	190	250

Tabelle 2. Löslichkeitsverhalten von Celluloseacetat und -triacetat

Lösungsmittel	Acetat		Triacetat	
	kalt	heiß	kalt	heiß
Aceton	löslich	löslich	unlöslich	unlöslich
Aceton/Wasser = 70/30	löslich	löslich	unlöslich	unlöslich
Ameisensäure, 98%	löslich	löslich	löslich	löslich
Ameisensäure, 30%	Quellung	Quellung	unlöslich	Quellung
Essigsäure, 100%	löslich	löslich	löslich*)	löslich
Cyclohexanon	Quellung	löslich	unlöslich	Quellung
Glykol/Formal	löslich	löslich	löslich	löslich
Benzol	unlöslich	unlöslich	unlöslich	unlöslich
Xylol	unlöslich	unlöslich	unlöslich	unlöslich
Toluol	unlöslich	unlöslich	löslich	unlöslich
Dimethylformamid	löslich	löslich	unlöslich	löslich
Methylenchlorid	unlöslich	unlöslich	löslich	löslich
Chloroform	unlöslich	unlöslich	löslich	löslich
Tetrachlorkohlenstoff	unlöslich	unlöslich	unlöslich	unlöslich
Trichloräthylen	unlöslich	unlöslich	unlöslich	unlöslich**)
Perchloräthylen	unlöslich	unlöslich	unlöslich	unlöslich
Dichloräthan	Quellung	löslich	löslich	löslich
Tetrachloräthan	unlöslich	unlöslich	unlöslich	unlöslich
Pyridin	löslich	löslich	löslich	löslich
Dimethylsulfoxid	löslich	löslich	löslich	löslich
Dioxan	löslich	löslich	löslich	löslich

*) Bei thermofixierten Triacetatfäden ist kräftiges Rühren erforderlich.
**) Obgleich Trichloräthylen das Triacetat im wesentlichen nicht quillt, extrahiert es doch die Farbstoffe, und zwar hauptsächlich oberhalb der Raumtemperatur.

Tabelle 3. Preise für Acetat und Triacetat

Garntyp	England (Courtaulds)*) pence/lb — April 1970			USA (Celanese)**) Dollar/lb — März 1970		
	2 Triacetat	3 Acetat	4 Verh. 2/3	5 Triacetat	6 Acetat	7 Verh. 5/6
84 dtex (75 den)	$99^1/_2$	$83^1/_2$	1,191	1,26	0,95	1,326
110 dtex (100 den)	89	75	1,187	1,14	0,91	1,253
156 dtex (140 den)	79	68	1,162	—	—	—
167 dtex (150 den)	—	—	—	0,95	0,74	1,284

*) Textile Month, Mai 1970
**) Modern Textiles, April 1970

nächsten zehn Jahre zufolge rechnet man beim Acetat mit Zuwachsraten, die niedriger sind als bei den Synthetics. Gegenüber 1968 stieg die Acetatproduktion 1969 auf 104,5% an, im Vergleich zu 111,5 bei Polyamid und 124% bei Polyester.

Es muß noch erwähnt werden, daß die zitierten Produktionszahlen für Acetat nicht die Erzeugung von speziellen Kabeln oder Fasern für Zigarettenfilter einschließen. Acetat scheint für diesen speziellen Zweck besonders gut geeignet zu sein. Im Jahre 1969 betrug die Produktion an Acetatkabel für Zigarettenfilter 138000 t gegenüber 127000 t im Jahre 1968; die Produktion wurde also auf 108,6% gesteigert.

1967 wurden insgesamt 2900 Milliarden Zigaretten produziert. Jedes Zigarettenfilter wiegt etwa 0,15 g. 435000 t Acetat könnten also allein für diesen Zweck eingesetzt werden; das wäre etwa die Gesamtproduktion an Textilacetat des Jahres 1969. Der Verbrauch an Acetatfiltermaterial betrug im Jahre 1969 nur 31,7% des potentiellen Marktes von 1967; hinsichtlich des Acetats für Zigarettenfilter ist die Prognose also optimistisch.

Wir wollen zu den textilen Einsatzgebieten zurückkehren. Es muß berücksichtigt werden, daß Acetat und Triacetat, wie bereits erwähnt, wegen des attraktiven Aussehens und des guten Griffes sehr vorteilhaft sind, obwohl diese Faserstoffe hinsichtlich der Festigkeit und der Scheuerbeständigkeit nicht an die Synthetics heranreichen. Bedauerlicherweise basieren die Acetatfaserstoffe auf der Cellulose, einem Naturprodukt, dessen Herstellungskosten nicht durch Fortschritte in der Chemie gesenkt werden können. Der Trend geht im Gegenteil dahin, daß die Cellulosepreise ansteigen, und zwar trotz der Tatsache, daß sehr große und rationell arbeitende Anlagen wie beispielsweise die in Memphis/USA in Betrieb genommen worden sind. Andererseits werden die Preise für synthetische Polymere durch neue Synthesen, bessere Automatisierung und kontinuierliche Prozeßführung von Jahr zu Jahr niedriger. Infolge der ausgezeichneten Qualität wird der Marktanteil von Acetat und Triacetat gehalten und sogar erweitert werden, allerdings nicht in dem Maße, wie es bei den Synthetics der Fall sein wird; bei den Synthetics wird für das Jahr 1980 mit einer Weltproduktion von 12 Millionen t gerechnet (Chemiefasern, Februar 1970).

Insbesondere für leichte Stoffe (gewebt oder gewirkt) sind die mechanischen Eigenschaften der Acetatfaserstoffe unzureichend. Acetat- und insbesondere Triacetatfasern werden deshalb mit Polyamid oder besser mit Polyesterfasern kombiniert, und zwar durch Fachung. Solche gefachten Garne werden bereits seit einigen Jahren durch Verzwirnung produziert (in Frankreich beispielsweise unter der Bezeichnung RHODIANYL bekannt). Diese Garne werden jetzt direkt beim Spinnprozeß hergestellt und unter verschiedenen Bezeichnungen gehandelt; man bezeichnet diese Garne in England als TRICELON, in Italien als LILIANA und in Frankreich als KAPPA. Bei den gefachten Garnen kommen jeweils die besten Eigenschaften der Komponenten zur Geltung.

Erwähnt werden sollen auch die Garne, die unter den Bezeichnnungen ROTOSET in den USA oder ZEDESS in Frankreich bekannt geworden sind. Bei diesen Produkten werden die Komponenten nicht miteinander verzwirnt; sie werden durch systematische Vermischung der Einzelfäden hergestellt. Man kann solche Garne ohne Schlichten direkt verwerten.

Wir wollen uns nunmehr der Frage zuwenden, wo die Acetat- und Triacetatfaserstoffe hauptsächlich eingesetzt werden.

Die texturierten Garne sind ein Einsatzgebiet, in das sich diese Faserstoffe eingeführt haben. Gegenüber den synthetischen texturierten Garnen werden der Griff sowie der Komfort sehr geschätzt. Eine Thermofixierung der gewirkten Flächengebilde ist nicht erforderlich. Tabelle 4 zeigt die optimalen Texturierbedingungen auf einer Falschdrahtmaschine.

Die gefachten Garne aus Triacetat und Polyester eignen sich besonders für eine Texturierung; man erhält außerordentlich geschätzte Produkte.

Gewebte Stoffe: Eines der Haupteinsatzgebiete von Acetat und Triacetat auf diesem Gebiet ist ein spezieller Typ — genannt TWILL —, der für Damenblusen und Damenkleider lange Zeit sehr geschätzt war. Die Pflegeleichteigenschaften von Triacetat, die auf diesem Gebiet eine Rolle spielen, sind schon erwähnt worden; allerdings ist auch das Acetat infolge der geringeren

Tabelle 4. Texturierbedingungen, Falschdrahtmaschine

	Acetat 220 dtex/32 (200 den) Triacetat 220 dtex/34 (200 den)
U/min	70000
Drehungen/m	1600
Temperatur, °C	170
Zuführung	−5%
Abzug	+12 bis 14%

Schwierigkeiten beim Färben und Bedrucken sehr gefragt.

Hier muß noch ein spezieller Ausrüstungsprozeß für Acetatgewebe erwähnt werden, der in der Bundesrepublik von Mitarbeitern der Deutschen Rhodiaceta-AG unter der Bezeichnung STELLA entwickelt worden ist. Ein derart ausgerüstetes Gewebe wird in den USA unter der Handelsbezeichnung ESTREL nach Lizenzen der Rhodiaceta AG produziert. STELLA-ausgerüstete Acetatgewebe weisen gute Pflegeleichteigenschaften auf und besitzen einen guten Griff; die Eigenschaften sind in mancherlei Hinsicht mit denen des thermofixierten Triacetats vergleichbar.

Die Vorteile von Triacetat und Acetat gegenüber den Synthetics bei der Verarbeitung zu Damenblusen und Damenkleidern bestehen u. a. in dem bereits erwähnten guten Griff und in der Tendenz, sich beim Nähen nicht zu verschieben. Darüberhinaus laden sich Synthetics elektrostatisch stärker auf als Acetat und Triacetat; die elektrostatischen Eigenschaften der Acetatfaserstoffe können — wie bereits erwähnt — durch eine leichte Oberflächenverseifung noch verbessert werden. Gewebe aus Acetatfaserstoffen werden meistens bedruckt. Die Brillanz der auf Acetat oder auf Triacetat aufgedruckten Farbstoffe ist heute wesentlich besser als bei Polyester und Polyamid. Filamentgarne aus Acrylnitril-Copolymerisaten können hier vielleicht einen interessanten Markt finden; allerdings sind solche Filamentgarne knapp und teuer.

Bei den Geweben lassen sich verschiedene Effekte erzielen, wenn man Fäden mit unterschiedlichen Querschnitten einsetzt; Acetatfaserstoffe mit verschiedenen Querschnitten werden von den Herstellern laufend produziert. Bild 8 zeigt, wie die Querschnittsform variiert werden kann. Die Querschnitte 2, 4, 7 und 8 werden am häufigsten erzeugt.

Ebenso wie bei den texturierten Garnen können auch hier kombinierte Erzeugnisse sowohl von Acetat als auch von Triacetat mit Polyester oder Polyamid hergestellt werden. Solche Mischungen sind für diese Artikel erfolgversprechend; mit dem Acetat- oder Triacetatfaserstoff werden der Tragekomfort und die Farbbrillanz, mit dem Synthesefaserstoff die Pflegeleichteigenschaften, die mechanischen Eigenschaften sowie die Scheuerbeständigkeit erreicht.

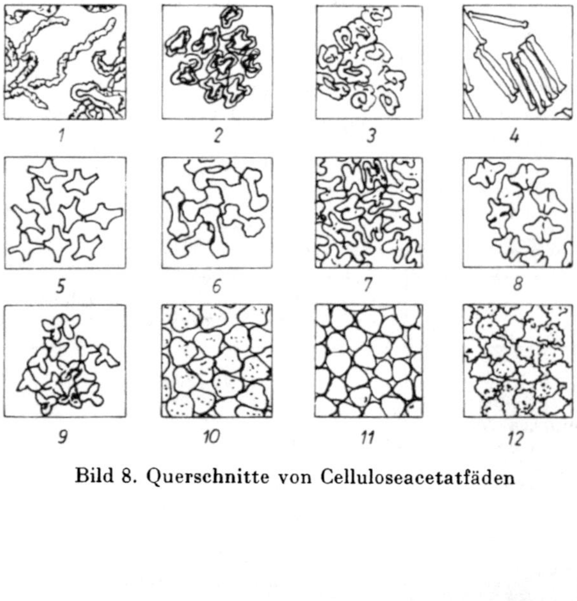

Bild 8. Querschnitte von Celluloseacetatfäden

Ein weiteres großes Einsatzgebiet von Acetatgeweben sind die Futterstoffe für Damenkleider. Für diesen Zweck sind Acetatfaserstoffe besser und billiger als Synthetics, die dahin tendieren, sich an den Nähten zu verschieben. Acetatfutterstoffe weisen eine gute Dimensionsstabilität auf, und zwar auch bei Transpiration, wogegen Regeneratcellulose viel zu empfindlich ist. Es sei noch einmal betont, daß der Griff und das Aussehen von Acetat-Taft gute Argumente bei diesem Einsatzgebiet sind. Zuweilen wird auch bei Geweben eine Acetatkette mit einem Viskoseseidenschuß kombiniert; jeder Faserstoff wird anders angefärbt; es resultiert dann ein besonderes Aussehen, wobei sich die Farbe des Gewebes in Abhängigkeit vom Betrachtungswinkel zu ändern scheint. Für solche Gewebe setzt man nur Acetat und kein Triacetat ein.

Acetatgewebe, und zwar hauptsächlich auf Basis spinngefärbter Fäden, werden auch zu Krawatten verarbeitet. Auf diesem Gebiet wird aber heute vorwiegend Polyester eingesetzt. Regenschirmbezüge und Pelzimitationen (im wesentlichen ASTRAKAN) sind gleichfalls gute Einsatzgebiete für Acetat, und zwar trotz der Konkurrenz des Polyamid 6.6 auf dem Gebiet der Schirmbezüge.

Ein Teil des Acetats wird auch für Dekorationsstoffe eingesetzt. Obgleich das Acetat bei den Gardinenstoffen hauptsächlich durch Polyester oder RHOVYL ersetzt worden ist, verwendet man Acetat immer noch für Möbelbezugs- und Vorhangstoffe; bei diesen Geweben besteht der Kettfaden meist aus Acetat, während für den Schuß im allgemeinen Baumwolle oder Polynosicgarne eingesetzt werden.

Ein wachsendes Einsatzgebiet für Acetat-Wirkstoffe vorwiegend in den USA ist durch die Entwicklung von Coïning-Prozessen erschlossen worden. Die dadurch erzeugten Produkte werden unter verschiedenen Markenbezeichnungen — beispielsweise COÏN in den USA oder GEMEL in Frankreich — gehandelt. Bei diesen Coïning-Prozessen klebt man einen leichten gewirkten Futterstoff auf ein Gewebe, und zwar durch eine große Anzahl punktförmiger Klebestellen. Als Kleber verwendet man meist Acrylics oder Polyurethane; verklebt wird unter Druck. Die auf diese Weise erhaltenen Stoffe können dann direkt zu Kleidern oder Anzügen verarbeitet werden, ohne daß eine zusätzliche Fütterung erforderlich wäre. Das eingeklebte Futter ist sicher fixiert und kann sich nicht verschieben oder deformieren. Darüber hinaus bietet dieser Prozeß ökonomische Vorteile für die Konfektionsbetriebe. Ein weiterer Vorzug der Coïning-Prozesse besteht in der Möglichkeit, für die Herstellung von Oberbekleidung Stoffe einzusetzen, die auf Grund ihrer Textur für diesen Zweck weniger geeignet sind. Beispielsweise ist der Coïning-Prozeß außerordentlich interessant für MALIMO- oder ARACHNE-Erzeugnisse.

Spinngefärbte Acetatfaserstoffe: Bereits in den zwanziger Jahren brachte die Rhodiaceta spinngefärbte Acetatgarne auf den Markt. Seinerzeit stellte man die Faserstoffe in drei Grundfarben her, und zwar schwarz, marineblau und braun. Heute bietet die Rhodiaceta ihren Abnehmern mehr als 80 verschiedene spinngefärbte Typen an. Die Deutsche Rhodiaceta, die Rhodiaceta Italiana sowie andere Tochtergesellschaften entwickelten den gleichen Prozeß. Nach dem zweiten Weltkrieg produzierten auch andere Firmen — beispielsweise Du Pont, Courtaulds usw. — spinngefärbtes Acetat und Triacetat. Der Prozeß zur Herstellung spinngefärbter Faserstoffe ist auch für Synthetics und insbesondere für Acrylics entwickelt worden.

Spinngefärbtes Acetat wird mit gutem Erfolg zu Krawatten und Regenschirmbezügen verarbeitet; man setzt es außerdem ein, um gewebten oder gewirkten Stoffen gewisse Farbeffekte zu geben. Sämtliche Farben zeichnen sich durch gute Brillanz aus; einige weisen eine hohe Gebrauchsechtheit auf.

Aus spinngefärbtem Acetat gewebter Taft kann direkt nach Verlassen der Webstühle verkauft werden, ohne daß irgendeine Naß-Ausrüstungsbehandlung erforderlich wäre; dieses Gewebe besitzt dann einen besonderen Griff, der mit dem von gefärbtem Naturseidentaft vergleichbar ist.

Fasern: Zu Fasern wird fast ausschließlich Triacetat und nur sehr wenig Acetat verarbeitet. Triacetatfasern werden vorwiegend in Mischung (etwa 80 bis 85%) mit Wolle (besonders Kammgarn) eingesetzt; daneben sind auch Mischungen mit Baumwolle, Polyester oder Polynosics üblich.

Der Marktanteil ist heute nur von begrenzter Bedeutung, kann aber in Zukunft ansteigen. Prognosen sind hier sehr schwierig. Da Polyester/Triacetat-Mischungen sehr attraktiv zu sein scheinen, ist auf diesem Gebiet mit einer guten Entwicklung zu rechnen. Immerhin bieten Mischungen von Triacetatfasern und Wolle den Vorteil einer leichteren Anfärbung bei Temperaturen, bei denen üblicherweise Wolle behandelt wird (Siedetemperatur des Wassers); man erhält hier brillantere Farbtöne als im Falle von Polyester.

Sehr kurze Acetat- und hauptsächlich Triacetatfasern sind mit einigem Erfolg als Beflockungsmaterial eingesetzt worden. Es sei daran erinnert, daß der Beflockungsprozeß auf der elektrostatischen Aufladung der Textilien basiert; die durch Anlegen sehr hoher Spannungen elektrostatisch aufgeladenen Textilien werden durch ein Material (das kann ein textiles oder ein nichttextiles Gebilde sein) angezogen, das entweder geerdet oder mit dem entgegengesetzten Pol der Spannungsquelle verbunden ist.

Die kurzen Fasern — in dem elektrischen Feld orientiert — werden durch die klebende Beschichtung auf dem Grundmaterial festgehalten. Nach der Trocknung oder der Polymerisation der Klebebeschichtung sind die Fasern senkrecht zu ihrer Unterlage fixiert, und zwar ähnlich dem Flor bei Samt oder Plüsch (entsprechend der Faserlänge).

Solche beflockten Erzeugnisse haben eine Reihe von Einsatzgebieten. Meist werden Schneeschuhe daraus hergestellt. Außerhalb des textilen Sektors wird der Beflockungsprozeß in mancherlei Hinsicht angewendet; man benutzt hier als Grundstoffe beispielsweise Holz, Filme usw.

Das Acetat ist nunmehr über 50 Jahre alt. 50 Jahre sind im Leben des Menschen ein Alter, in dem die jugendlichen Leidenschaften überwunden, die Bildung vervollkommnet und die Persönlichkeit ausgebildet sind; die in diesem Alter erreichte Reife führt zur vernünftigen Abschätzung der Möglichkeiten und zur Entwicklung starker Eigenschaften, aber auch zu dem Wissen über die Schwächen. Diese Betrachtung sollten wir sinngemäß als eine allgemeine Schlußfolgerung auf das Acetat übertragen.

Vom technischen Standpunkt aus gesehen, sind wahrscheinlich keine revolutionierenden Neuerungen bei der Herstellung von Acetat oder Triacetat zu erwarten. Aufgabe der Acetatproduzenten wird es sein, zu versuchen, ständig die Herstellungskosten zu verringern. Weiterhin wird man sich auf die Entwicklung von kontinuierlichen und automatischen Prozessen sowie auf die Erhöhung der Spinngeschwindigkeit zu konzentrieren haben.

Hinsichtlich des Marktes wird es Aufgabe von Technikern und Wirtschaftlern sein, unter Berücksichtigung der spezifischen Eigenschaften dieser Faserstoffe die besonderen Einsatzgebiete zu finden oder weiterzuentwickeln, auf denen die beste Plazierung möglich ist.

Eingegangen am 2. Oktober 1970

Faserforschung und Textiltechnik 22 (1971) Heft 2

Fortschritte auf dem Gebiet der Acrylnitrilfaserstoffe[1)2)]

P. H. Hobson
Chemstrand Research Center, Inc., Durham, North Carolina

DK 677.494.745.32 "71": 677.021.125: 677.095.26: 677.494.061

Es wird über Fortschritte auf dem Gebiet der Acrylnitrilfaserstoffe berichtet. Neue Polymere, Polymerisationsverfahren und Fadenbildungsprozesse werden sowohl bezüglich ihres wissenschaftlichen Gehalts als auch im Hinblick auf die Anwendbarkeit zur Herstellung von Fasern mit neuen oder verbesserten Eigenschaften diskutiert. Neue Theorien über die Struktur von Acrylnitrilfaserstoffen und Veränderungen während des Herstellungsprozesses werden kritisch betrachtet und zu den Faserstoffeigenschaften in Beziehung gesetzt.

Новые достижения в области акриловых волокон

Обсуждаются последние достижения в области акриловых волокон, в частности, новые полимеры, новые методы полимеризации и процессы формования волокон, как с научной точки зрения, так и с точки зрения использования этих достиженний на практике с целью получения волокон с новыми или улучшенными свойствами. Рассматриваются новейшие теоретические взгляды на структуру акриловых волокон и на ее изменение в процессе переработки и сравниваются с практическими испытаниями свойст волокон.

Recent Advances in Acrylic Fibers

Recent advances in the field of acrylic fibers are considered. New polymers, polymerization methods, and fiber formation processes are discussed in terms of their scientific content as well as their application to production of fibers with new or improved properties. Recent theories of acrylic fiber structures and changes occurring during processing are examined and related to fiber properties.

Nach einem unsicheren Start vor 20 Jahren, ist der Absatz der Acrylfasern im Jahr 1969 auf 850000 t angestiegen. Dieses bemerkenswerte, weltweite Anwachsen ist zum großen Teil auf die Vielseitigkeit, die ästhetische Anziehungskraft und die verhältnismäßig niedrigen Herstellungskosten der Faser zurückzuführen. Laufende technische Entwicklungen von seiten der Faserhersteller und Textilproduzenten haben bei diesem Wachstum eine wesentliche Rolle gespielt. In der vorliegenden Mitteilung werden die Weiterentwicklungen seit dem Jahr 1966 berücksichtigt. Bezüglich einer Diskussion der früheren Entwicklungen sei auf die Arbeiten von *Chaney* [1] und *Norman* [2] verwiesen.

Polymerisation

Die ersten handelsüblichen Polymerisationsverfahren waren Suspensionspolymerisationen in wäßriger Phase. Später wurde die Lösungspolymerisation in organischen Lösungsmitteln, Salpetersäure und wäßrigen, anorganischen Salzlösungen entwickelt. Ein solches Verfahren mit Dimethylformamid als Lösungsmittel wird bei der Herstellung von WOLPRYLA 65 angewendet [3]. Als Vorteile dieses Verfahrens werden u. a. der geringere thermische Abbau des Polymeren, im wesentlichen gelfreie Spinnlösungen, eine enge Verteilung der rel. Molekülmasse, die hohe Spinngeschwindigkeiten gestattet und eine Herabsetzung des Energieverbrauchs, der Betriebskosten und der Anlagekosten um etwa 25% genannt.

Bei anderen Untersuchungen der Lösungspolymerisation in Dimethylformamid und Dimethylsulfoxid wurden als Initiatoren Sulfonamide [4] und Sulfinamide [5] zur Herstellung weißer, thermisch stabiler Polymerisate angewendet. Koordinationskomplexe von Alkalimetallen mit Aluminiumtrialkylen [6] und Mercaptan-modifiziertes Natriumaluminium-tetraäthyl [7] wurden ebenfalls als Tieftemperaturinitiatoren verwendet. In wäßrigen Salzlösungen wurde UV-Licht als Initiator benutzt [8, 9]. In Pilotanlagen konnte damit ein so hoher Umsatzgrad des Monomeren zum Polymeren erhalten werden, daß die Monomerrückgewinnung unnötig wurde [8]. Ein hoher Umsatz wurde auch mit einer Reaktorserie erreicht, wobei jeder Reaktor eine höhere Temperatur als der vorhergehende besitzt [10].

Für das Suspensionspolymerisationsverfahren wurde ein Chlorit/Hypochlorit-Redoxinitiator entdeckt [11], und ein Magnesiumbisulfit/Magnesiumpersulfat-System wurde zur Herstellung von Polymeren mit erhöhter thermischer Stabilität verwendet [12]. Hydroxylamin erwies sich als ein wirksamer Unterbrecher der mit Chlorat-, Chlorit- oder Hypochloritionen initiierten Polymerisation [13].

Polymermodifizierung

Zur Erhöhung der Anfärbbarkeit mit basischen Farbstoffen wurden verschiedene Monomere, die Sulfonsäuregruppen enthalten, mit Acrylnitril copolymerisiert, z. B. N-(β-Sulfoäthyl)-N'-(β-methacryloyloxyäthyl)-harnstoff [14] und p-Sulfoäthoxystyrol [15]. Eine Anfärbbarkeit mit sauren Farbstoffen wurde durch Copolymerisation mit basischen Monomeren, wie z. B. N,N-Dimethyl-β-aminoäthylmethacrylat und das quaternäre Ammoniumsalz, erzielt [16]. Eine Affinität für basische und saure Farbstoffe wurde durch Copolymerisation mit amphoteren Sulfobetain-Monomeren erteilt [17, 18].

In einer systematischen Untersuchung führte *Konkin* [19] reaktive Aldehydgruppen, β-Lactonringe und aromatische Aminogruppen in Acrylnitrilpolymere ein. Die Copolymeren mit 2 bis 10 mol% der zweiten Komponente wurden mit einer Vielzahl von Verbindungen umgesetzt und ergaben modifizierte Polymere und Fasern. Die Polymeren mit Aldehydgruppen konnten durch Kondensation mit Farbstoffen, die aromatische Aminogruppen enthielten, angefärbt werden. In ähn-

[1)] Chemstrand Research Center, Inc., Contribution Number 616.
[2)] Vorgetragen auf dem 3. Internationalen Chemiefasersymposium in Dresden am 2. Dezember 1970.

licher Weise wurden Polymere mit aromatischen Aminogruppen durch Diazotieren und Kupplung angefärbt.

Acrylnitril und andere Monomere wurden auf Copolymere mit Aldehyd- und Aminogruppen gepfropft. Ce^{4+} oder V^{5+} dienten dabei als Oxydationsmittel eines Redoxinitiatorsystems, in dem die funktionellen Gruppen als reduzierendes Agens fungierten [19]. Es wurde etwas Homopolymerisat gebildet. Durch die Pfropfung wird die Löslichkeit herabgesetzt, daher enthielten die Polymeren, die zu Fasern gesponnen wurden, nie mehr als 15 bis 17% gepfropftes Monomeres. Fasern aus Pfropfcopolymeren mit flexiblen Polymethylmethacrylat-Seitenketten besaßen erhöhte Elastizität. In einer späteren Untersuchung haben *Konkin* u. Mitarb. [20] die Bildung von Homopolymeren bei der Pfropfung auf ein Acrylnitril/4-(β-Vinylsulfoxyl)-ε-aminoanisol-Copolymerisat durch die Anwendung kurzer Reaktionszeiten ausgeschlossen. Die Pfropfung auf Fasern erhöhte deren Abriebfestigkeit um das Zwei- bis Fünffache.

Zarkova u. Mitarb. [21] untersuchten die Vernetzung von Polyacrylnitrilfaserstoffen mit Hydrazinhydrat, Semicarbazid und Thiosemicarbazid. Die vernetzten Fasern sind thermisch stabiler als die unbehandelten. Beim Erhitzen auf 200 °C behielten die mit Thiosemicarbazid vernetzten Fasern 94% ihrer ursprünglichen Festigkeit, während die Festigkeit der nicht behandelten Fasern auf 6% absank. Durch die Wahl geeigneter Bedingungen wurde die Vernetzung auf die Faseroberfläche beschränkt und dadurch ein „Armierungseffekt" — wie ihn die Autoren nennen — erzielt.

Blockcopolymere von Acrylnitril mit Polyäthylenoxid und Polypropylenoxid wurden gleichfalls von *Konkin* [19] untersucht. Er fand, daß aus solchen Copolymeren gesponnene Fasern eine viel höhere Biegefestigkeit als Fasern aus Polyacrylnitril besitzen.

Thermische Verfärbung

Der Mechanismus der Farbbildung im erhitzten Polyacrylnitril wurde seit 1950 erörtert. In einer Reihe von Veröffentlichungen [22] haben *Friedlander, Peebles, Brandrup* und *Kirby* die verschiedenen Vorschläge kritisch geprüft und gefolgert, daß der hauptsächlichste Chromophor ein statistisches Copolymeres aus Imin- und Nitrongruppen ist.

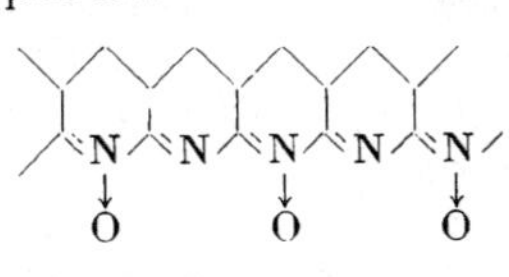

Die Autoren identifizierten fünf getrennte Reaktionsfolgen, die zur Bildung dieser Struktur führen. Ein wichtiges Zwischenglied in mehreren dieser Folgen ist das β-Ketonitril

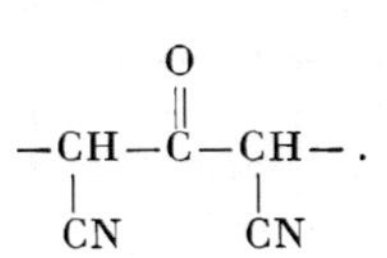

Es liegt in Polyacrylnitril, das durch radikalische Initiierung erhalten wird, vor und wird beim Erhitzen des Polymeren an der Luft gebildet.

Spinnen

Acrylfasern werden durch Trocken- oder Naßspinnen hergestellt. Varianten dieser Verfahren sind beschrieben worden. Eine solche beschreibt die Extrusion einer heißen, konzentrierten Polymerlösung in Luft von niedriger Temperatur, um ein rasches Gelieren des Extrudates zu bewirken, und nachfolgendes Waschen zur Entfernung des Lösungsmittels [23]. Bei einer Variante des Naßspinnens befindet sich der Spinnkopf in kurzem Abstand außerhalb des Fällbades, so daß die extrudierten Fäden zuerst durch einen Schleier des zerstäubten Fällmittels geführt werden [24].

Cumol [25] und verzweigtkettige Alkohole [26] wurden als Fällmittel eingesetzt, um eine dichte Faserstruktur zu erhalten. Umgekehrt wurden die Fasern in Dampf getempert, um eine stabile, poröse Struktur zu erhalten [27]. Höhere Reiß- und Knotenfestigkeiten wurden erzielt, wenn der frisch gelierte Faden durch ein weiteres Bad geführt wurde, das sich im Fällmittelgehalt und in der Temperatur vom Fällbad unterschied [28, 29].

Ohzawa, Nagano und *Matsuo* leiteten aus den Masse-, Bewegungsgrößen- und Energiebilanzen grundlegende Gleichungen für den Trockenspinnprozeß ab [30]. Bei geeigneter Modifizierung können diese Beziehungen auch auf das Naßspinnen angewendet werden.

Da die Zersetzungstemperatur des Polymeren zu nahe am Schmelzpunkt liegt, werden Acrylfasern nicht aus der Schmelze ersponnen. Mit bestimmten, thermisch stabilen Acrylpolymeren konnte jedoch ein Schmelzspinnprozeß ausgeführt werden [31].

Eine nützliche, weltweite Übersicht über die von den verschiedenen Acrylfaserherstellern angewendeten Verfahren wurde von *Sanders* [32] zusammengestellt.

Mechanismus der Faserbildung

Einige neue Untersuchungen haben unser Verständnis der Fadenbildung beim Spinnen aus Lösungen erweitert. *Paul* [33] untersuchte die reversible Gelbildung konzentrierter Lösungen von Acrylpolymeren in verschiedenen organischen Lösungsmitteln. Er fand, daß der Gelschmelzpunkt mit abnehmendem Acrylnitrilgehalt im Polymeren, abnehmender Konzentration des Polymeren in der Spinnlösung und zunehmender Reinheit des Lösungsmittels absinkt. Diese Beobachtungen treffen für das Naß- und Trockenspinnen gleichermaßen zu. In Modellversuchen studierte *Paul* die Diffusion des Lösungsmittels aus solchen Gelen und des Nichtlösers in die Gele hinein. Die Ergebnisse wurden in Form eines mathematischen Modells der Diffusion während der Koagulation der Fäden interpretiert [34].

Ziabicki [35] betrachtete allgemein die Rolle von Phasen- und Strukturänderungen beim Spinnen und hob die Bedeutung des Gelbildungsprozesses beim Naß- und Trockenspinnen hervor. Soll eine dichte, homogene Faserstruktur gebildet werden, so sollte der Phasentrennung (Verfestigung) eine Gelbildung vorausgehen.

Fitzgerald und *Craig* untersuchten den Extrusionsprozeß beim Spinnen aus Lösungen unter besonderer Berücksichtigung der rheologischen Eigenschaften typischer Spinnlösungen [36]. Sie konnten zeigen, wie die Elastizität der konzentrierten Lösungen die Geschwindigkeit des frei (spannungslos) extrudierten Fadens und die maximalen Spinngeschwindigkeiten beeinflußt. Um sowohl die physikalischen Eigenschaften der Fasern als auch die Spinnstabilität bei Erhöhung der Spinngeschwindigkeit aufrechtzuerhalten, empfahlen sie eine Herabsetzung des Durchmessers der Spinndüsenbohrungen. In einer späteren Untersuchung zeigte *Paul* [37] den Einfluß der Lösungsviskosität, der Düsenlochkonfiguration, der Fließgeschwindigkeit im Düsenkanal und der Koagulationsbedingungen auf die Spinnstabilität. Er schlug einen Mechanismus für den Fadenbruch im Fällbad vor: Die Spannung, die vom *Barus*-Effekt herrührt, zerreißt die Haut der sich bildenden Faser und wird auf den nichttragenden flüssigen Kern übertragen.

In einer Reihe von Veröffentlichungen untersuchten *Gröbe* und *Heyer* [38] die Diffusionsvorgänge beim Naßspinnen. Sie betrachteten zuerst die theoretischen Prinzipien dieses Prozesses und wendeten sie dann auf die Koagulation von Dimethylformamidlösungen im wäßrigen Bad und in primären aliphatischen Alkoholen an. Unter allen geprüften Versuchsbedingungen war der Diffusionskoeffizient des Dimethylformamids größer als der des Wassers oder der verschiedenen Alkohole. Das allgemeine Ergebnis — je größer diese Differenz, desto dichter die Gelstruktur — ist übereinstimmend mit der allgemeinen Behandlung des Problems von *Ziabicki* [35]. Um die Änderungen der Diffusionskoeffizienten bei Veränderung der Spinnbedingungen in Beziehung setzen zu können, postulierten *Gröbe* und *Heyer*, daß sowohl die Dicke als auch die Dichte der Membran des Gelfadens die Diffusionsgeschwindigkeit kontrollieren.

Mezhirov und *Pakšver* [39] führten als Ursache für die Bildung der Radialporen beim Naßspinnen — ein allgemein beobachteter Effekt — das Vorliegen von Spannungen in der Membran des Gelfadens an. Diese Spannungen verursachen winzige Risse längs der inneren Wand, wodurch die Poren hervorgerufen werden. Sie nehmen mit der Stärke der Fällbedingungen (zunehmende Konzentration des Nichtlösers im Fällbad) zu und bewirken eine vermehrte Porenbildung. *Paul* [40] nimmt an, daß die Spannungen, die zur Bildung der Poren führen, aus der Oberflächenspannung des entgegengesetzt diffundierenden Lösungs- und Fällmittels resultieren.

Tsutsui u. Mitarb. [41] zeigten, daß beim Recken der Gelfäden aus einem Acrylnitril/Methylmethacrylat-Copolymeren die Orientierung der kristallinen Bereiche bei niedrigen Reckverhältnissen schnell zunimmt und daß die Orientierung der amorphen Bereiche bis zu einem Verzug von ungefähr 7 zunimmt. Über diesen Punkt hinaus wurde ein Gleiten der Molekülketten postuliert. Die Berücksichtigung dieses molekularen Abgleitens führte zu dem Schluß, daß die Deformation von Kettenmolekülen der Theorie der Kautschukelastizität nicht-Gaußscher Netzwerke folgt. *v. Hornuff* und *Grosse* [42] fanden, daß beim Recken von Gelfäden die Zahl der Hohlräume zunimmt, daß sie jedoch kleiner werden, was insgesamt zu einer Herabsetzung des Porenvolumens führt.

Erhitzen der Faser nach dem Recken verursacht radiale Kontraktion (Faserkollaps), Verringerung des Porenvolumens und Längsschrumpf. *Dumbleton* und *Bell* [43] folgerten, daß der Faserkollaps oberhalb der Glasumwandlungstemperatur in einem zweistufigen Prozeß vor sich geht. Zuerst bilden die gestreckten Moleküle eine Helixkonfiguration zurück und dann erfolgt eine Umlagerung des fibrillären Netzwerkes unter Eliminierung der Poren. *v. Hornuff* und *Grosse* [42] fanden, daß verschiedene physikalische Reaktionen der Faser bei 160 °C ein Maximum oder Minimum besitzen, das sie Änderungen der chemischen Struktur, dem Bruch und der Bildung von Bindungen und Vernetzungsreaktionen zuschreiben. Es scheint, daß 160 °C im Temperaturbereich der α-Umwandlung liegt, oberhalb der die Gesamtheit der Molekülketten ihre Bewegungsfreiheit erhöht hat.

Erhitzen der gereckten Fäden unter Bedingungen, bei denen der Faden frei schrumpfen kann, setzt die Festigkeit, den Young-Modul und die Fibrillierung herab und erhöht die Dehnung, die relative Knotenfestigkeit und die Geschwindigkeit der Farbstoffdiffusion. Diese wichtige Veränderung der Eigenschaften — allgemein als Relaxieren angesehen — wird begleitet von und resultiert primär aus einer Desorientierung der amorphen Bereiche.

Die folgende vereinfachte Beschreibung der Fadenbildung scheint mit den experimentellen Beweisen übereinzustimmen: Während der Extrusion verursacht die Elastizität der thixotropen Spinnlösung den bekannten *Barus*-Effekt. Während der Koagulation erfolgt Gelierung und Phasentrennung, die Moleküle werden gestreckt, kristallisieren und bilden ein Fibrillennetz. Die Reckung des Gelfadens deformiert dieses Netzwerk, erhöht die Orientierung der kristallinen und amorphen Bereiche und verursacht eventuell ein Gleiten oder Fließen der Fibrillen. Ein Erwärmen des gereckten Fadens über die Glasumwandlungstemperatur bewirkt eine Verkürzung der gestreckten Moleküle zu helixförmigen Strukturen, Verdichtung der fibrillären Struktur und eine Desorientierung der amorphen Bereiche.

Färben und Ausrüsten

Acrylfaserstoffe werden meist mit basischen Farbstoffen angefärbt, wenngleich eine begrenzte Anzahl von Dispersionsfarbstoffen für Pastellfarben angewendet wird und bestimmte Typen auch mit sauren Farbstoffen gefärbt werden können. Wie schon erwähnt wurde, hat die Polymermodifizierung ausgedehnte Anwendung gefunden, um die Anzahl der für saure Farbstoffe zugänglichen Stellen zu erhöhen. Sowohl die Zahl als auch die Zugänglichkeit dieser Stellen ist von Bedeutung. Letztere wird von der Polymerzusammensetzung [44] und dem Orientierungsgrad der amorphen Bereiche in der Faser beeinflußt [45].

Basische Farbstoffe zeigen auf Acrylfasern ein ziemlich schlechtes Migrationsvermögen und können ungleichmäßige Färbungen verursachen, wenn keine sorgfältige Kontrolle ausgeübt wird. Um die Egalität zu verbessern, wurde ein Färbeverfahren bei einer bestimmten Temperatur oberhalb der Glasumwandlungstemperatur entwickelt [46, 47]. Diese Methode setzt Uneinheitlichkeiten in der Anfärbung, die von Temperaturdifferenzen und unterschiedlichen Farbstoffkonzentrationen innerhalb des Färbebades herrühren, weitgehend herab.

Der niedere Modul der Acrylfasern in heißem Wasser kann bei der Stückfärbung Formänderungen verursachen. Um diese zu vermeiden, wurde vorgeschlagen, unterhalb der Glasumwandlungstemperatur unter Verwendung von Färbehilfsmitteln [48] oder nach mäßiger Vernetzung der Fasern [49] zu färben. Spezielle Färbereiausrüstungen, wie z. B. die von Küsters (BRD) hergestellten, verringern die auf die Fasern ausgeübte Spannung auf ein Minimum. Neuerdings wurde dieser Apparat für die kontinuierliche Stückfärbung von Acrylfaserteppischen modifiziert und findet in den USA verbreitet Anwendung.

Die Bewegung von Badflüssigkeit und Färbegut im Gleichstromprinzip wird bei der Apparatur der Kisaki Company (Japan) benutzt, um die Formänderung bei der Stückfärbung von Strickwaren herabzusetzen.

Mit dem Aufkommen zufriedenstellender Stückfärbetechniken hat auch das Cross-dying-Verfahren an Bedeutung gewonnen. Die American Cyanamid Corp. stellt zwei Fasern mit unterschiedlicher Farbstoffaufnahme für basische Farbstoffe und eine sauer anfärbbare Faser für stückgefärbte Teppiche her. Du Pont, Mitsubishi Rayon und Japan Exlan stellen überfärbbare Garne für Jacken und Sweater her. Monsanto versorgt mit sauer anfärbbaren Fasern für den Einsatz in Textilien und Teppichen.

Die von Zimmer und Stalwart entwickelten neuen Druckausrüstungen ermöglichen komplizierte Muster bei hohen Laufgeschwindigkeiten. Das Färben im nichtwäßrigen Medium hat wegen der geringeren Wasserverschmutzung und, da es den Glanz der Fasern während des Färbens weniger verändert, Interesse hervorgerufen.

Kontinuierliche Kabelfärbeapparate sind von verschiedenen Firmen entwickelt worden, einer der letzten von Mitsubishi Rayon. Courtaulds produziert ein während der Faserherstellung gefärbtes Kabel für den Einsatz bei Strickjacken, Sweatern und Teppichen. Hoechst und Monsanto haben ebenfalls mit der Herstellung lösungsgefärbter Fasern begonnen.

Neue Produkte und Einsatzgebiete

Bikomponentenfasern

In den letzten Jahren wurde eine Vielzahl von Bikomponentenfasern eingeführt, so daß nunmehr die meisten der großen Acrylfaserhersteller eine oder mehrere Fasern dieser Art besitzen. Diese Fasern haben eine große Nachfrage für Strickwaren, wo ihre Bauschigkeit, Weichheit, Griff und Maschengüte geschätzt werden. Sie werden für qualitativ hochwertige Handstrickgarne eingesetzt. Bei Teppichen werden Bikomponentenfasern weitgehend eingesetzt, um die Bauschigkeit, die Decke und die Stückanfärbbarkeit zu verbessern.

Fitzgerald und *Knudsen* [50] haben ein Verfahren zur Herstellung von Bikomponentenfasern beschrieben, das auf dem Prinzip aufbaut, wonach viskose Spinnlösungen zu einem gemeinsam fließenden Strahl vereinigt werden können, ohne daß merkliche Vermischung beider Strahlen erfolgt. Unter Ausnutzung dieser Methode kann man Bikomponentenfasern unter Verwendung eines relativ billigen Mischkopfes im gesamten Bereich der Zusammensetzung von 100% Komponente A bis 100% Komponente B herstellen. Viele Vorrichtungen sind unter Verwendung dieses Prinzips konstruiert worden [51].

Zwei allgemeine Typen von Bikomponentenfasern werden zur Zeit verkauft. Bei einer geht die helixförmige Kräuselung beim Erwärmen in heißem Wasser verloren und tritt bei der Trocknung bei erhöhten Temperaturen wieder hervor. Beim Färben muß man dafür Sorge tragen, daß kein Verlust der Bauschigkeit eintritt. Beim anderen Typ ist die helixförmige Kräuselung beständig bei Heiß-Naß-Prozessen. Der Unterschied zwischen diesen beiden rührt von den Polymerpaaren her, die zur Erzeugung der Kräuselung eingesetzt wurden. Polymere, die sich stark in ihrem Gehalt an ionischen Gruppen unterscheiden, werden für den Typ mit wasser-reversibler Kräuselung verwendet und erteilen dieses Merkmal durch erhöhte Hydrophilität. Die Polymeren für den zweiten Typ unterscheiden sich voneinander im Gehalt an nichtionischen Comonomeren und besitzen daher keine besondere Empfindlichkeit im Wasser [52].

Flammfestigkeit

Das zunehmende weltweite Interesse an feuerbeständigen Textilien hat neue Entwicklungen bei Acrylfasern forciert. In den USA haben die American Cyanamid, Du Pont und Monsanto flammfeste Teppichfasern hergestellt, in Japan Asahi, Exlan und Mitsubishi Rayon. Es gibt Beweise für viele Forschungen und Entwicklungen zur zusätzlichen Modifizierung für Bekleidungszwecke, Heimausstattungen, Florgewebe und Zelte.

Die meisten kommerziellen Acrylfasern erzielen die Flammbeständigkeit durch Einbau halogenhaltiger Komponenten. Um eine dauerhafte Wirkung zu erhalten, befinden sich diese in der Faser in polymerer Form (copolymerisiert im Hauptpolymeren oder als ein gesondertes Polymeres zugesetzt) oder werden während des Spinnens zugesetzt, bevor die Gelstruktur der Faser zusammenbricht.

Nametz [53] hat eine Übersicht der Verfahren zur Erzielung feuerhemmender Eigenschaften in Acrylfasern veröffentlicht. Neuere Patente beschreiben die Anwendung von Copolymeren mit Tribromneopentylacrylat [54], α-Chloracrylnitril [55], Vinylbromid [56] und Vinylbromid plus Vinylidenchlorid [57].

Zusätze, die beim Spinnen inkorporiert werden, enthalten Amide halogenierter Fettsäuren [58] und bromierte Telomere, die durch Umsetzung von Tetrachlorkohlenstoff mit ungesättigten Phosphaten hergestellt werden [59].

Nachbehandlungen mit einer Vielzahl halogen- oder phosphorhaltiger Verbindungen sind angewendet worden, um eine zusätzliche Flammfestigkeit zu geben. Diese Behandlungen leiden jedoch gewöhnlich unter dem Mangel an Beständigkeit, einer Veränderung des Griffes der Produkte, Erhöhung der Masse und toxikologischen Effekten. Flammfestmachende Mittel können auch auf die Fasern gepfropft werden. Ein grundsätzliches Problem ist dabei, eine ausreichende Pfropfung zu erzielen, um die gewünschten flammhemmenden Eigenschaften zu erhalten.

Endlosfäden

Endlosfäden aus Acrylfaserstoffen sind von verschiedenen Herstellern in kleinem Umfang seit 1950 hergestellt worden. Für Bekleidungszwecke sind sie besonders wegen ihres hohen Glanzes, brillant gefärbter Farben und dem seidenähnlichen Griff erwünscht. Wegen der hohen Herstellerkosten konnten sie schwer mit Polyamid, Polyester und Acetat konkurrieren, und die Absatzgebiete sind verhältnismäßig klein geblieben. Trotzdem haben vier Firmen (Asahi, Chatillon, Rhône Poulenc und Mitsubishi Rayon) neue Acrylendlosgarne mit 30 bis 200 Gesamtdenier eingeführt. Es sind sowohl texturierte als auch nicht texturierte Garne erhältlich. Das Problem einer gleichmäßigen Anfärbung, das allen Endlosfäden anhängt, ist weitgehend verringert worden; aber noch werden viele Fasern beim Hersteller gefärbt, um eine einheitliche Färbung zu erhalten. Gegenwärtig ist das Haupteinsatzgebiet bei gestrickten Sweatern.

Garne

Viele Faserhersteller verkaufen gesponnene Garne. Dow Chemical liefert ein Teppichgarn mit einem permanenten Antistatikum. Du Pont stellt ein Garn mit den zwei Typen der Bikomponentenfasern her und ein weiteres mit weichem Griff und verringerter Pilling-Neigung in Strickwaren. Kürzlich kündigte die Firma ein neues Garn aus Endlosfäden an, das mit einzelnen Fäden ummantelt ist [60]. In Großbritannien liefern Courtaulds und Monsanto Garne. In Japan können die Faserhersteller über eine Vielzahl von Garnen verfügen, einschließlich solcher, die nach dem open-end-Spinnverfahren hergestellt sind.

Andere Fasermodifikationen

Die hervorragende Beständigkeit der Acrylfaserstoffe gegenüber dem Abbau durch Sonnenlicht bewog zu einigen der ersten Anwendungen. In den letzten Jahren wurde diese Eigenschaft genutzt bei Sandsäcken (zur Verhinderung der Erosion von Flußufern und als Überschwemmungsschutz sowie zum Schutz von Personen) und in luftgetragenen Hallen. Monsanto kombinierte die gleiche Eigenschaft mit der Lichtbeständigkeit von Pigmenten bei der Herstellung einer Faser für Innen- und Außen-Teppiche.

Obwohl Acrylfasern gute antistatische Eigenschaften besitzen, wurden von einigen japanischen Herstellern Fasern mit permanent antistatischen Eigenschaften eingeführt. Sie werden hauptsächlich für Unterkleidung eingesetzt. Eine bevorzugte Methode zur Erzielung dieser Eigenschaften ist die Herstellung von Mischungen aus üblichen Polymeren und einem Copolymeren mit einem hydrophilen Comonomeren, wie z. B. Polyoxyester oder Methacrylsäureamid [61, 62].

Fasern mit dreieckigem oder rechteckigem Querschnitt werden jetzt von Asahi, Exlan und Mitsubishi Rayon wegen ihres starken Glanzes hergestellt (hauptsächlich für Sommerpullover). Eine sorgfältige Kontrolle der Naßspinnbedingungen ist wesentlich, um ein solches Produkt herzustellen. Auch durch Modifizierung der Oberfläche wurde von Asahi und Mitsubishi eine Faser mit weichem Griff und hohem Glanz erzeugt.

Vliesstoffe aus Acrylfasern wurden durch Verfilzen einer Bahn loser Fasern mittels Hochgeschwindigkeits-Wasserdüsen hergestellt [63]. In einem anderen Fall wurde eine Bahn aus Gelfäden durch Erwärmen unter Druck miteinander verbunden [64].

Acrylfasern wurden zu einem wichtigen Vorprodukt für Kohle- und Graphitfasern, die für Flugzeugbauteile verwendet werden und eine hohe Festigkeit und Steifheit bei minimaler Masse erfordern. *Turner* und *Johnson* beschreiben einige der chemischen Veränderungen, die bei der Pyrolyse der Vorprodukte vor sich gehen, und geben die Bedingungen an, um Carbonfasern mit hoher Festigkeit und hohem Modul zu erhalten [65].

Danksagung

Wertvolle Unterstützung bei der Sammlung von Informationen über neuere Entwicklungen in Europa gewährten Dr. *Corrado Mazzolini*, Fa. Chatillon in Mailand, und Herr *William Norman*, Fa. Monsanto, Brüssel, in gleicher Weise Herr *Kyohei Nose*, Mitsubishi Rayon, Tokyo über Entwicklungen in Japan.

Literatur

[1] *Chaney, D. W.:* New developments in acryl fibers. Amer. Dyestuff Rep. **54** (1965) S. P152—P158.
[2] *Norman, W. A.:* Acrylics: Their progress and future. Part I. II. Man-made Textiles **43** (1966) 505, S. 36—38; 506, S. 20—22.
[3] *Bürger, H., Gröbe, V., Peter, E.*, und *Schönherr, H.:* Neues Verfahren zur Herstellung von Polyacrylnitrilfasern (WOLPRYLA 65). Faserforsch. u. Textiltechnik **18** (1967) S. 503—511.
[4] NdP 6709354 (1968).
[5] NdP 6615902 (1967).
[6] Neues Verfahren und Polymeres. Monsanto Co., St. Louis. USP 3380979, A. 30. 9. 64, B. 30. 4. 68.
[7] Verfahren zur Polymerisation von Acrylnitril unter Verwendung metallorganischer Koordinationskomplexe als Katalysatoren. Monsanto Co., St. Louis. USP 3429861, A. 21. 12. 65, B. 25. 2. 69.
[8] *Ellwood, P.:* Chem. Engng **76** (1969) (18) S. 90.
[9] *Nakanome,* D., und *Uno, Y.:* USP 3515657 (1970).
[10] Kontinuierliche Lösungspolymerisation von Acrylnitril. Toho Beslon Kabushiki Kaisha, Tokyo, Erf.: *Fujii, S.*, und *Yoshida, M.*, USP 3479312, A. 3. 12. 65, B. 18. 11. 69; Prior. 9. 12. 64/10. 12. 64 (Ja).
[11] NdP 6800419 (1968).
[12] Verfahren zur Herstellung von Acrylpolymeren. Monsanto Co., St. Louis. Erf.: *Mazzolini, C.*, und *LoMonaco, S.*, USP 3410835, A. 30. 6. 65, B. 12. 11. 68
[13] BeP 721826 (1969).
[14] BeP 702060 (1968).
[15] NdP 6710260 (1968).
[16] DAS 1817710 (1970); GBP 1181355 (1970).
[17] CaP 793394 (1968).
[18] NdP 6409012 (1965).
[19] *Konkin, A. A.:* Methoden zur Modifizierung von Polyacrylnitrilfaserstoff. Faserforsch. u. Textiltechnik **18** (1967) S. 342—351.
[20] *Penkova, M. P., Skorobogatova, L. F.*, und *Konkin, A. A.:* Modifizierung von Polyacrylnitrilfaserstoff durch Pfropfcopolymerisation. Chim. Volokna (Chem. Fasern) (1969) 2, S. 18—21; dt. in: Sowj. Beitr. Faserforsch. Textiltechnik **6** (1969) 8, S. 403—407.
[21] *Žarkova, M. A., Kudrjavcev, G. J., Chudošev, I. F.*, und *Romanova, T. A.:* Isometrische Untersuchung von strukturierten Polyacrylnitrilfaserstoffen. Chim. Volokna (Chem. Fasern) (1969) 2, S. 21—23; dt. in: Sowj. Beitr. Faserforsch. Textiltechnik **6** (1969) 7, S. 357—359.
Zarkova, M. A., Kudrjavcev, G. J., Chudošev, I. F., und *Romanova, T. A.:* Thermomechanische und chemische Eigenschaften von strukturierten Polyacrylnitrilfaser-

stoffen. Chim. Volokna (Chem. Fasern) (1969) 2, S. 49—50; dt. in: Sowj. Beitr. Faserforsch. Textiltechnik **6** (1969) 7, S. 359—361.

[22] *Friedlander, H. N., Peebles, L. H., Brandrup, J.*, und *Kirby, J. R.*: On the chromophore of polyacrylonitrile. Macromolecules, Washington **1** (1968) S. 52—86.

[23] *Zwick, M. M.*: Erspinnen von Faserstoffen aus Polymerlösungen unter Phasentrennung. I. Praktische Betrachtungen und experimentelle Untersuchung. J. appl. Polymer Sci./Appl. Polymer Symposia (1967) 6, S. 109—149.

[24] *Henderson, W. B.*, und *Baur, G. R.*: USP 3410940 (1968).

[25] NdP 6706202 (1967).

[26] Neues Koagulationsverfahren. Monsanto Co., St. Louis. Erf.: *Borie, R. D.*, und *Lockwood, A. W.*, USP 3402234, A. 22. 12. 64, B. 17. 9. 68.

[27] Verfahren zur Erzeugung kontinuierlicher oder diskontinuierlicher Fäden von großer Porosität. Crylor. FrP 1540997, A. 24. 7. 67, B. 4. 10. 68.

[28] JaP 8174 (1970).

[29] Herstellung von Polyacrylnitrilfaserstoffen. American Cyanamid Co., Stamford. Erf.: *Chinai, S. N.*, und *Schwind, L. H.*, USP 3491179, A. 3. 1. 67, B. 20. 1. 70.

[30] *Ohzawa, Y., Nagano, Y.*, und *Matsuo, T.*: Untersuchungen über das Trockenspinnen. I. Grundgleichungen. J. appl. Polymer Sci. **13** (1969) 2, S. 257—283.

[31] *Sun, S.*, und *Chiang, R.*: USP 3499073 (1970).

[32] *Sanders, R. E.*: Acrylfasern — Verfahrensüberblick. Chem. Proc. Engng. **49** (1968) 9, S. 100—109.

[33] *Paul, D. R.*: Reversible gelation of acrylonitrile-vinylacetate copolymer solutions. J. appl. Polymer Sci. **11** (1967) S. 439—455.

[34] *Paul, D. R.*: Diffudion during the coagulation step of wet-spinning. J. appl. Polymer Sci. **12** (1968) S. 383—402.

[35] *Ziabicki, A.*: Sen-i Gakkaishi (J. Soc. Fiber Science and Technology), Japan **26** (1970) S. 156.

[36] *Fitzgerald, W. E.*, und *Craig, J. P.*: Der Extrusionsprozeß beim Spinnen aus der Lösung. J. appl. Polymer Sci./Appl. Polymer Symposia (1967) 6, S. 67—78.

[37] *Paul, D. R.*: A study of spinnability in the wet-spinning of acrylic fibers. J. appl. Polymer Sci. **12** (1968) S. 2273—2298.

[38] *Gröbe, V.*, und *Heyer, H. J.*: Untersuchungen zur Diffusion beim Naßspinnen von Polyacrylnitrilfasern. I. Mitt.: Grundlagen der Diffusionsmessungen. Faserforsch. u. Textiltechnik **18** (1967) S. 577—584; II. Mitt.: Epxerimentelle Prüfung der Randbedingungen **19** (1968) S. 33—36; III. Mitt.: Ergebnisse bei Einsatz wäßriger Fällbäder **19** (1968) S. 313—318; IV. Mitt.: Ergebnisse bei Einsatz aliphatischer Alkohole als Fällmedien. **19** (1968) S. 398—400.

[39] *Mežirov, M. S.*, und *Pakšver, E. A.*: Über die Ursachen der Bildung von Radikalpapillaren in Polyacrylnitril-Elementarfäden. Chim. Volokna (Chem. Fasern) (1968) 3, S. 13—16; dt. in: Sowj. Beitr. Faserforsch. Textiltechnik **5** (1968) 9, S. 462—466.

[40] *Paul, D. R.*: Private Mitteilung.

[41] *Tsutsui, N., Hayahara, T., Matsumura, Y.*, und *Sekiguchi, H.*: Untersuchungen über die molekulare Orientierung in Acrylfasern. I. Durch verschiedene Methoden bestimmte Orientierungsfunktionen. Kobunschi Kagaku, Tokyo (Chem. High Polymers) **23** (1966) 252, S. 193—199.
Hayahara, T., Matsumura, Y., Sekiguchi, H., und *Tsutsui, N.*: Untersuchungen über die molekulare Orientierung in Acrylfasern. II. Die Änderung des Orientierungsgrades durch Verstreckung. ibid. **23** (1966) 252, S. 199—204.

[42] *v. Hornuff, G.*, und *Grosse, I.*: Über Veränderung der Feinstruktur von Polyacrylnitrilfasern bei der Reckung und der thermischen Nachbehandlung. 1. 2. Mitt. Faserforsch. u. Textiltechnik **20** (1969) S. 309—316; S. 391—399.

[43] *Dumbleton, J. H.*, und *Bell, J. P.*: J. appl. Polymer Sci, im Druck.

[44] *Gröbe, V.*, und *Gieseke, R.*: Vergleich der Struktur und des Farbstoffaufnahmevermögens von Fäden aus Polyacrylnitril und Acrylnitril/Methylacrylat-Copolymerisation. Faserforsch. u. Textiltechnik **20** (1969) S. 231—241.

[45] *McGregor, R.*, und *Peters, R. H.*: Some observations on the relation between dying properties and fibre structure. J. Soc. Dyers Colourists **84** (1968) S. 267—276.

[46] *Mayer, U.*: Z. ges. Textilind. **71** (1969) S. 792.

[47] *Morton, N. G.*, und *Kracht, M. E.*: J. Soc. Dyers Colourists **85** (1969) S. 639.

[48] JaP 1947 (1967).

[49] JaP 2782 (1966).

[50] *Fitzgerald, W. E.*, und *Knudsen, J. P.*: *Mixed*-stream spinning of bicomponent fibers. Textile Res. J. **37** (1967) S. 447—453.

[51] USP 3295552 (1967); USP 3382534 (1968); USP 3500498 (1970); USP 3501805 (1970); Vorrichtung zum Erspinnen von Bikomponentenfäden. Japan Exlan Co., Ltd., Osaka, USP 3492692; A. 7. 2. 68, B. 3. 2. 70.
Verfahren zum Erspinnen einer multifilen Seide aus konjugierten Elementarfäden und die auf diese Weise hergestellte Seide. Algemene Kunstzijde Unie N. V. GBP 1181013 A. 24. 2. 67, B. 11. 2. 70; Prior. 25. 2. 66 (Nd).

[52] *Sekiguchi, H., Shimoda, K.*, und *Takeya, S.*: USP 3515627 (1970).

[53] *Nametz, R. C.*: Ind. Engng. Chem. **62** (1970) S. 41.

[54] Geformte Gegenstände aus Acrylnitril und Neopentyltribromacrylaten. The Dow Chemical Co., Midland. Erf.: *Pumpelly, C. T., Pedjac, J. J.*, und *Somerville, J. S.* USP 3480600, A. 24. 4. 67, B. 25. 11. 69.

[55] Färbbares, nicht entflammbares Tetrapolymeres. Monsanto Co., St. Louis Erf.: *Stroh, E. F.* USP 3379699, A. 5. 10. 64, B. 23. 4. 68.

[56] Faserbildende Acrylnitrilpolymere. Monsanto Co., St. Louis. GBP 1089740, A. 30. 12. 65, B. 8. 11. 67.

[57] Faserbildende Acrylnitrilpolymere. Monsanto Co., St. Louis. GBP 1099845, A. 30. 12. 65, B. 17. 1. 68. Prior.: 31. 12. 64 (USA).

[58] Modifizierte Acrylnitrilpolymere. Monsanto. Co., St. Louis. Erf.: *Blackburn, W. A.*, und *Apperson, C. H.*, USP 3313867, A. 6. 10. 64, B. 11. 4. 67.

[59] *Palethorpe, G.*: USP 3318978 (1967).

[60] Daily News Record, 12. 5. 1970, S. 21.

[61] Polymere antistatische Komposition. E. I. du Pont de Nemours und Co., Wilmington. Erf.: *Wilkinson, W. K.* USP 3341627, A. 9. 7. 63, B. 12. 9. 67.

[62] Acrylnitrilpolymerkompositionen und die daraus hergestellten Faserstoffe. Toyo Rayon Kabushiki Kaisha, Tokio. Erf.: *Izumi, Z., Kitagawa, H., Yuki, K.*, und *Hiromoto, H.* USP 3507935, A. 22. 1. 68, B. 21. 4. 70. Prior.: 24. 1. 67; 15. 7. 67 (Ja).

[63] *Evans, F. J.*, und *Levy, M. K.*: USP 3485709 (1969).

[64] GBP 1188322 (1970); GBP 1188323 (1970); GBP 1188324 (1970).

[65] *Turner, W. N.*, und *Johnson, F. C.*: J. appl. Polymer Sci. **13** (1969) S. 2073.

Eingegangen am 14. September 1970

Photosensibilisierte Oxydation von Polyamidfaserstoffen[1]

Gerard Seymour Egerton

University of Manchester, Institute of Science and Technology

DK 677.494.675:542.921.9:541.144.8

Die verschiedenen Faktoren, die den Abbau von Polyamidfaserstoffen durch Strahlung im nahen Ultraviolett und durch sichtbare Strahlen beeinflussen, und die Natur der chemischen Veränderungen werden diskutiert. Der Einfluß von sensibilisierenden Farbstoffen auf die Beschleunigung der Photooxydation von Polyamidfaserstoffen wird untersucht. Eine primäre Photooxydation der Farbstoffe durch das Polymere scheint nicht die Ursache dieser Oxydation zu sein. Der wichtige Anteil von Sauerstoff im Singulettzustand an der photosensibilisierten Oxydation wird betont, und es wird gezeigt, daß der photochemische Abbau von Polyamid- und anderen textilen Faserstoffen wahrscheinlich mit auf Sauerstoff im Singulettzustand beruht. Verfahren zur Verbesserung der photochemischen Stabilität von Polyamidfaserstoffen werden diskutiert.

Фотосенсибилизированное окисление полиамидных волокон

Обсуждены различные факторы, оказывающие влияние на деструкцию полиамидных волокон близким уф-излучением и видимым светом, а также характер протекающих химических изменений. Изучено влияние сенсибилизирующих красителей на ускорение фотоокисления полиамидных волокон. Найден, что первичное фотоокисление красителей полимером, очевидно, не является причиной этого окисления. Отмечена важная роль кислорода в синглетном состоянии для фотоокисления и показано, что фотохимическая деструкция полиамидных и других волокон с большой вероятностью протекает с участием кислорода в синглетном состоянии. Обсуждены различные методы повышения фотохимической устойчивости полиамидных волокон.

The Photosensitised Oxidation of Polymer Fibres

The various factors which influence the degradation of polyamide fibres by near ultraviolet and visible radiation, and the nature of the chemical changes involved, are discussed. The effect of sensitising dyes in accelerating the photo-oxidation of polyamide fibres is examined. Preliminary photoreduction of the dye by the polymer does not seen to be the cause of this oxidation. The important part played by singlet oxygen in photosensitised oxidations is emphasised and it is shown that the photochemical degradation of polyamide and other textile fibres probably involves singlet oxygen. Methods which improve the photochemical stability of polyamide fibres are discussed.

Die Wirkung von naher ultravioletter und sichtbarer Strahlung auf Polyamidfaserstoffe wird durch zahlreiche sensibilisierende Farbstoffe sowie durch das Mattierungsmittel Titandioxid verstärkt. Als Sensibilisatoren wirken verschiedene saure, basische und Küpenfarbstoffe sowie Anthrachinonküpenfarbstoffe; es sind jedoch auch andere Vertreter dieser Farbstoffklassen bekannt, die keine sensibilisierenden Eigenschaften aufweisen. Der photochemische Abbau gefärbter und ungefärbter Polyamidfäden kann unter der Voraussetzung, daß Licht mit Wellenlängen kleiner als 340 nm ausgeschlossen wird und der Faserabbau in Abwesenheit von Sauerstoff vernachlässigbar ist, auf einen Oxydationsprozeß zurückgeführt werden. Bestrahlt man sensibilisierende Farbstoffe in Gegenwart von Sauerstoff und Wasserdampf, so entsteht gasförmiges Wasserstoffperoxid. Für die Bildung des Wasserstoffperoxids ist es nicht erforderlich, daß sich der Farbstoff auf einem textilen Faserstoff befindet; der H_2O_2-Dampf vermag dann jedoch Fäden abzubauen, die sich nicht in direktem Kontakt mit dem Farbstoff befinden. Dieser Abbauvorgang tritt besonders stark bei Baumwolle in Erscheinung, während Polyamidfasern hier vergleichsweise wesentlich beständiger sind. Die relative Feuchte der Atmosphäre hat oftmals nur einen geringen Einfluß auf die Abnahme der Reißfestigkeit bei Bestrahlung von Polyamidfasern. Die Wirkung des Wasserdampfes wird bis zu einem gewissen Grad von der Temperatur und der Gegenwart eines Sensibilisators bestimmt. In Bild 1 ist der Festigkeitsverlust von ungefärbtem, unmattiertem Polyamid-6.6-Garn nach Bestrahlung mit einer Quecksilberhochdrucklampe hinter Glas ($\lambda > 340$ nm) in trockener und feuchter Luft dargestellt. Danach hat der Wasserdampf auch bei höheren Temperaturen keinen besonders ausgeprägten Einfluß auf den Abbau des unmattierten Polyamids. Analoge

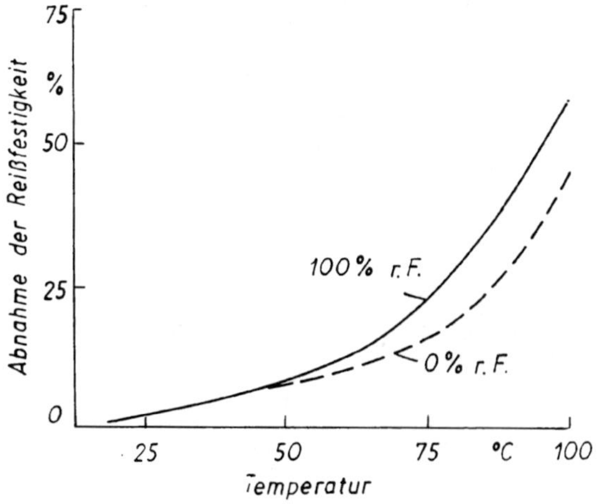

Bild 1. Abnahme der Reißfestigkeit unmattierter Polyamid-6.6-Fäden nach 95 h Bestrahlung in Luft bei 0 bzw. 100% rel. Luftfeuchte mit Wellenlängen > 340 nm in Abhängigkeit von der Temperatur

[1]) Vorgetragen auf dem 3. Internationalen Chemiefaser-symposium in Dresden am 3. Dezember 1970.

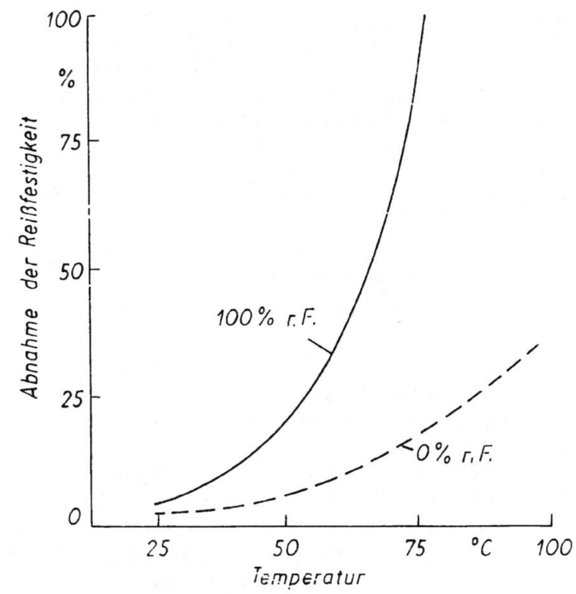

Bild 2. Abnahme der Reißfestigkeit mattierter Polyamid-6.6-Fäden nach 95 h Bestrahlung in Luft bei 0 bzw. 100% rel. Luftfeuchte mit Wellenlängen > 340 nm in Abhängigkeit von der Temperatur

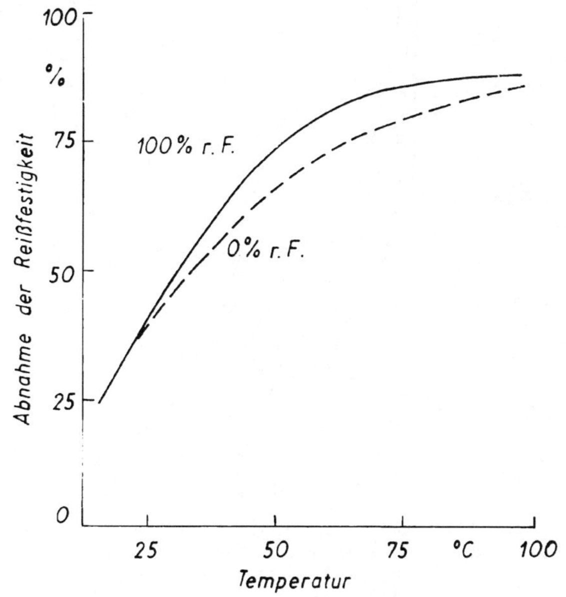

Bild 3. Abnahme der Reißfestigkeit mit Caledon Gold Orange G gefärbter Polyamid-6.6-Fäden nach 50 h Bestrahlung in Luft bei 0 bzw. 100% rel. Luftfeuchte in Abhängigkeit von der Temperatur

Untersuchungen mit ungefärbtem mattiertem Polyamid-6,6-Garn (TiO_2-Gehalt 0,33%) ergaben, daß der Wasserdampf hier bei höheren Temperaturen die Abbaugeschwindigkeit stark erhöht: Der Festigkeitsverlust der Fäden nimmt in feuchter Luft bei Temperaturen oberhalb 40 °C schnell zu (Bild 2).

Der Küpenfarbstoff Caledon Gold Orange G beschleunigt den photochemischen Abbau von Polyamidfasern schon bei niedrigen Temperaturen beträchtlich, mit steigender Temperatur ist auch hier eine merkliche Zunahme des Festigkeitsabfalls der Fäden feststellbar. Zusätzlich anwesender Wasserdampf hingegen hat dann nur noch einen geringen Einfluß auf den Abbau der Faserstoffe (Bild 3).

Parallel mit der Reißfestigkeit nimmt in belichteten Polyamidfäden auch die Kettenlänge der Makromoleküle ab. Diese Molmassenverringerung kann durch Bestimmung der rel. Lösungsviskosität des Polyamids in einem geeigneten Lösungsmittel (m-Kresol, Ameisensäure oder eine Mischung aus 90% Phenol und Wasser) verfolgt werden. Darüber hinaus kann der Abbau mit der Bildung neuer und der Zerstörung bereits vorhandener Gruppen im Polymeren verbunden sein. In den Bildern 4 und 5 ist die Änderung des Amino- und Carboxylendgruppengehaltes von sonnenbelichtetem Polyamid-6.6-Garn dargestellt. Sowohl beim unmattier; ten als beim mattierten Polymeren nimmt die Zahl der Aminogruppen ab und die der Carboxylgruppen zu-

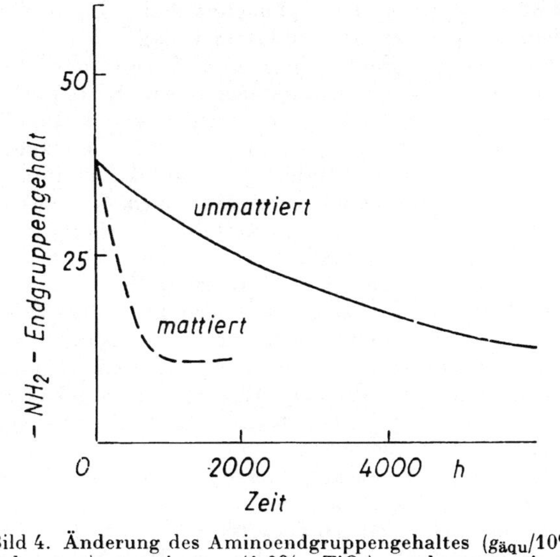

Bild 4. Änderung des Aminoendgruppengehaltes (gäqu/10^6 g Polymeres) mattierter (1,6% TiO_2) und unmattierter Polyamid-6.6-Fäden bei Sonnenbelichtung nach *Moore*

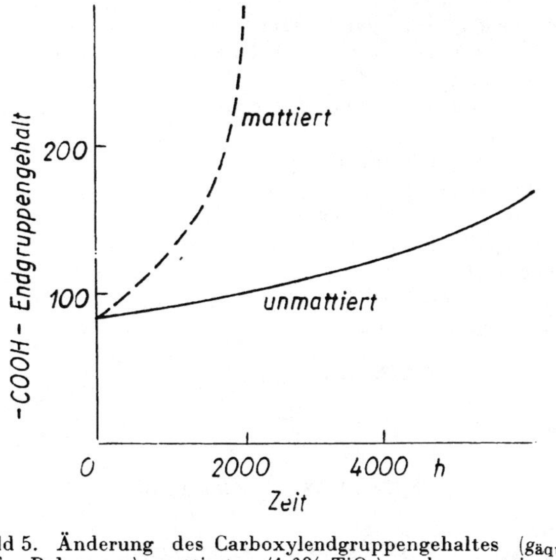

Bild 5. Änderung des Carboxylendgruppengehaltes (gäqu/10^6 g Polymeres) mattierter (1,6% TiO_2) und unmattierter Polyamid-6.6-Fäden bei Sonnenbelichtung nach *Moore*

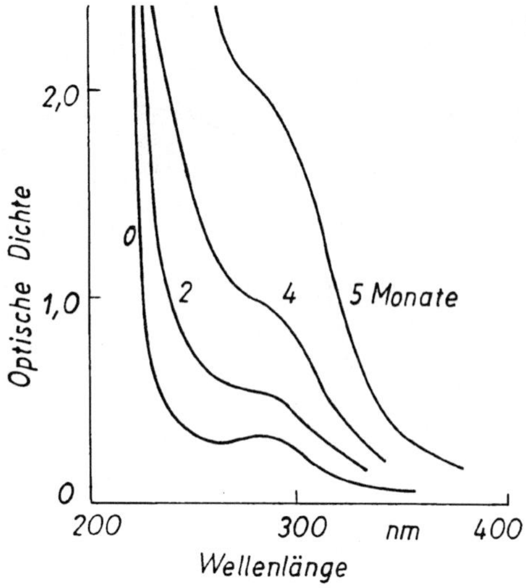

Bild 6. UV-Absorption 0 bis 5 Monate sonnenbelichteter mattierter Polyamid-6.6-Fäden (1%ige Lösungen in 8 n HCl, Schichtdicke 1 cm) nach *Moore*

dabei ist die Reaktionsgeschwindigkeit im Falle der mattierten Fäden jeweils größer. Während der Sonnenbelichtung werden ferner Aldehyd- und Hydroperoxidgruppierungen gebildet, außerdem erhöht sich die Zahl der Carbonylgruppen. Eine ausführliche Beschreibung von Nachweismethoden für diese Strukturen findet sich bei *Moore.* Mit wachsender Reaktionsdauer äußern sich die genannten chemischen Veränderungen in einer Zunahme der UV-Absorption des Polyamids (Bild 6). Diese insgesamt sehr komplexen Abbauvorgänge scheinen bei der Lagerung von einem Vergilben des Polyamidmaterials begleitet zu werden, das von *Marek* und *Lerch* auf die Bildung von Pyrrolderivaten durch Reaktion von Dicarbonsäuren mit freie Aminogruppen enthaltenden Verbindungen, die während des Polyamidabbaus entstehen, zurückgeführt wird.

Moore und *Boasson* fanden, daß während des photochemischen Abbaus von Polyamiden zahlreiche unterschiedliche Folgeprodukte gebildet werden. Dieser Befund deutet auf eine weitgehende Zersetzung der Polymermolekel hin. Klarere Hinweise auf den möglichen Reaktionsablauf können Abbauuntersuchungen von *Sharkey* und *Mochel* an N-Pentylhexanamid entnommen werden. Die Modellverbindung wurde in Gegenwart von Sauerstoff hinter Pyrexglas bei 50 °C mit einer Quecksilberlampe bestrahlt. Während der Lichteinwirkung wurden von dem schmelzflüssigen Amid erhebliche Sauerstoffmengen absorbiert. Untersuchungen an unterschiedlich mittels radioaktivem Kohlenstoff markierten Formen des Amids führten zu einem Abbaumodell mit folgenden identifizierbaren Hauptabbauprodukten:

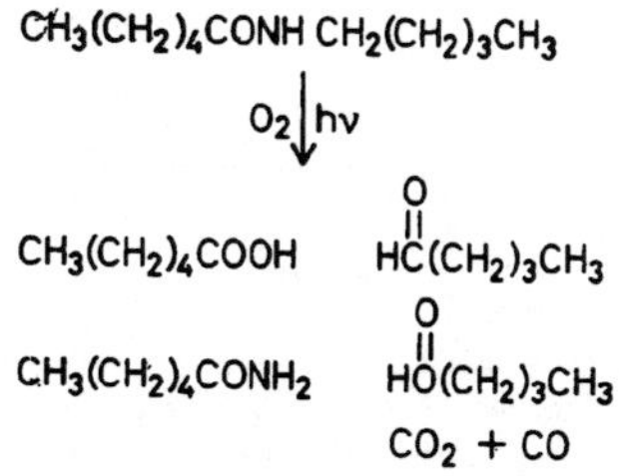

Reaktionen des Valeraldehyds und der Valeriansäure führen dann zu kleineren Anteilen von n-Butyraldehyd, Propionaldehyd und Acetaldehyd. Dieser Befund deutet auf eine fortschreitende Verringerung der Molekülgröße hin. Das während der Belichtung gebildete Kohlenmonoxid und Kohlendioxid stammen hauptsächlich aus der Methylengruppe in Nachbarstellung zur Iminogruppe.

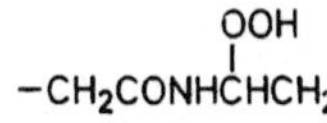

Amidhydroperoxid

Als Ergebnis des Angriffs von Sauerstoff an dieser CH_2-Gruppe werden offenbar sowohl bei der Modellverbindung als auch bei Polyamiden generell Hydroperoxide gebildet.

Die anschließende Zersetzung des Hydroperoxids führt dann zu einer Vielzahl von Zerfallsprodukten.

Die literaturkundigen Nachweise der während der Belichtung von Polyamiden gebildeten Zerfallsprodukte, von denen viele nicht identifiziert wurden, veranschaulichen die Komplexität der oxydativen Prozesse. Bei den Versuchen von *Sharkey* und *Mochel* mit N-Pentylhexanamid wurde die Bildung beträchtlicher Mengen gasförmigen Stickstoffs beobachtet, dessen Entstehungsursache jedoch unklar ist und der in den Reaktionsschemata des Polyamidabbaus bisher nicht beachtet wurde. Die Vielfalt der Zersetzungsprodukte führt zu der Schlußfolgerung, daß der photochemische Abbau von Polyamiden eine oxydierende Phase enthält, die in der Umgebung der Amidbindung beginnt und dann verschiedene Teile des Moleküls anzugreifen vermag.

Die sensibilisierenden Eigenschaften von Farbstoffen beim Abbau von Textilfäden durch Sonnenlicht können entweder auf eine Reaktion des angeregten Farbstoffs mit dem Polymeren oder mit dem Sauerstoff der Luft zurückgeführt werden. Diese Fragestellung wurde in Anbetracht der Tatsache formuliert, daß die durch Anthrachinon-2-sulfonsäure photosensibilisierte Oxydation von Äthanol offenbar unter Entzug eines α-Wasserstoffatoms der Äthanolmoleküle durch die Carbonylgruppe des Sensibilisators verläuft. Für feste Polymersysteme gibt es jedoch Hinweise, daß die Sensibilisatorwirkung nicht auf eine Reaktion des Farbstoffs mit dem Polymeren zurückzuführen ist. Bild 7 beschreibt Belichtungsergebnisse mit naher ultravioletter und sichtbarer Strahlung bei mit 1-Piperidinoanthrachinon gefärbten Polyamid-6-Filmen. In trockenem Stickstoff wird der Farbstoff zum Anthrahydrochinon reduziert, das zwischen 350 und 450 nm ein charakteristisches Spektrum aufweist. Dasselbe Spektrum erhält man in Lösung durch Reduktion des Farbstoffs mit Zinkstaub und Salzsäure. Die Lösung wird zwar durch Luftsauerstoff schnell oxydiert, jedoch kann das Spektrum bei Luftausschluß ohne Schwierigkeiten aufgenommen werden. Die durch Belichtung unter N_2 reduzierte Polyamidfärbung kann in einer Dunkelreaktion mit trockenem Sauerstoff wieder oxydativ regeneriert werden. Zwar wird die Form des Orginalspektrums nicht vollständig erreicht, jedoch beweist das Versuchsergebnis eindeutig die Möglichkeit zur Reoxydation des Farbstoffs unter Lichtausschluß.

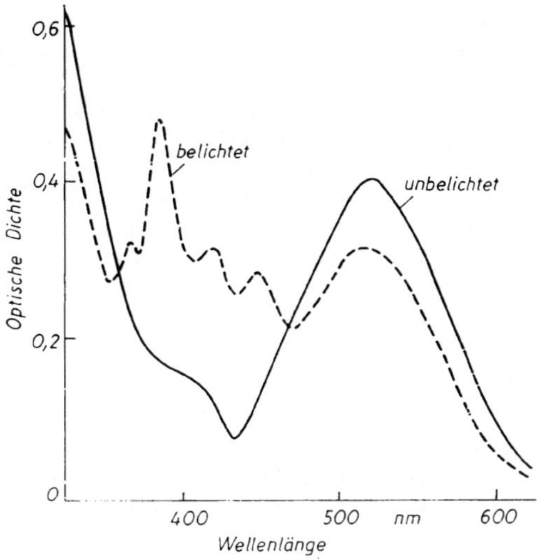

Bild 7. Absorptionsspektren mit 1-Piperidino-anthrachinon gefärbter Polyamid-6-Filme vor dem Belichten und nach 19 h Bestrahlung unter trockenem Stickstoff

Tabelle 1 veranschaulicht den Einfluß von 1-Piperidino-anthrachinon und eines als Sensibilisator bekannten Dispersionsfarbstoffes, des 3-Methoxy-benzanthrons (Disperse Yellow 13), auf den Abbau von Polyamid-6.6-Fäden durch nahe ultraviolette und sichtbare Strahlung. Die Abnahme der Reißfestigkeit von ungefärbtem und mit 1-Piperidinoanthrachinon gefärbtem Polyamidfaserstoff sind nahezu identisch, während die Färbung mit 3-Methoxy-benzanthron eine beträchtliche Zunahme des Abbaus hervorruft. Die leichte Reduzierbarkeit des 1-Piperidino-anthrachinons ist offenbar die Ursache, daß dieser Farbstoff keine photosensibilisierenden Eigenschaften hat.

Diese Schlußfolgerung wurde durch weitere Untersuchungen an Küpenfarbstoffen auf Polyamid- und Cellulosefilmen bestätigt. Hier zeigte sich, daß sensibilisierende Farbstoffe bei Einwirkung von naher ultravioletter und sichtbarer Strahlung nicht zu den sauren Leukoderivaten der Küpenfarbstoffe reduziert werden.

Da der Primäreffekt des Sensibilisators bei der Photooxydation von Polyamidfäden nicht in einer Energieübertragung seines Anregungszustandes auf einem reaktiven Teil des Polymermoleküls besteht, könnte eine Energieabgabe an den Sauerstoff der Atmosphäre möglich sein. Hinweise auf derartige Prozesse finden sich in Experimentalergebnissen, die *Kautsky* vor mehr als 30 Jahren publizierte. Bei Untersuchungen des photochemischen Verhaltens an gekörntes Kieselgel absorbierten Acriflavins wies er nach, daß unter bestimmten Bedingungen der Farbstoff die Oxydation von Leukomalachitgrün, das an andere

Tabelle 1. Abbauverhalten gefärbter Polyamid-6.6-Fäden nach 150 h Bestrahlung mit einer Quecksilberhochdrucklampe bei 40 °C in trockenem Sauerstoff

Farbstoff	Reißfestigkeitsverlust %
ohne	9
1-Piperidino-anthrachinon	10
3-Methoxy-benzanthron	53

Kieselgelpartikel absorbiert war, sensibilisierte, wobei sich das Leukomalachitgrün blau färbte. Bei Absorption des Sensibilisators Acriflavin und des Acceptors Leukomalachitgrün an getrennten Kieselgelkörnern ist der Sauerstoffdruck von entscheidender Bedeutung für den Ablauf dieser Oxydation: Die Oxydation des Leukomalachitgrüns wurde nur bei dem optimalen Druck von $4 \cdot 10^{-3}$ Torr beobachtet. Bei steigendem und fallendem Druck wurde der blaufärbende Effekt allmählich geringer und war letztlich nicht mehr nachweisbar. *Kautsky* nahm an, daß der in einem Sensibilisierungsprozeß gebildete angeregte Sauerstoff bei höherem O_2-Druck schnell desaktiviert wird, bei niedrigem Druck hingegen in unzureichender Menge entsteht. Diese Hypothese wird durch die Beobachtung gestützt, daß bei gemeinsamer Absorption von Acriflavin und Leukomalachitgrün an *ein* Kieselgelpartikel der blaufärbende Effekt über einen weitaus größeren Bereich des Sauerstoffdrucks (bis $p = 1$ at) registriert wurde. Das bedeutet, daß die wirksame oxydierende Reichweite des angeregten Sauerstoffs bis zur Desaktivierung relativ gering ist. Natürlich ist der zur Oxydation notwendige Weg des angeregten Sauerstoffs bei gemeinsamer Anwesenheit von Sensibilisator und Acceptor auf einem Kieselgelkorn wesentlich geringer als bei getrennter Absorption an verschiedenen Partikeln.

Das experimentelle Ergebnis der *Kautsky*schen Versuche wurde nicht angezweifelt, ihre Interpretation jedoch bildete einen jahrelangen Diskussionsgegenstand. *Kautsky* nahm an, daß der angeregte Sauerstoff elektronisch angeregt im Singulettzustand in der $'\Sigma g^+$-Form vorliegt und daß die meisten photosensibilisierten Reaktionen in Lösung unter Beteiligung dieses angeregten Zustandes verlaufen. Der energieärmste Zustand der O_2-Molekel ist bekanntlich ein Triplettzustand. *Gaffron* hingegen diskutierte den direkten Energieübergang vom angeregten Farbstoff auf den Acceptor. Der Energieinhalt des Sauerstoffs im $'\Sigma g^+$-Zustand beträgt 37,5 kcal/mol; das entspricht Licht der Wellenlänge 760 nm. *Gaffron* konnte nachweisen, daß einige photosensibilisierte Reaktionen auch bei Einstrahlung von Wellenlängen > 760 nm ablaufen können. Daraufhin schlug *Kautsky* vor, in diesen Fällen die Beteiligung von angeregtem Singulettsauerstoff im $'\Delta g$-Zustand (22,5 kcal/mol entsprechend 1260 nm) anzunehmen. *Kautskys* Überlegungen fanden in den folgenden Jahren keine Unterstützung, und auch andere Versuche zur Deutung der Oxydation von Leukomalachitgrün erhielten ebenfalls keine generelle Anerkennung. Ein wesentliches Hindernis für Fortschritte auf diesem Gebiet bestand offenbar in der allgemeinen Ablehnung des Gedankens, Energieübertragungen von angeregten Farbstoffmolekülen auf Sauerstoffmoleküle anzunehmen. Wesentlich intensiver wurde die Photochemie flüssiger Modellsysteme untersucht, bei denen die Wechselwirkung zwischen Sensibilisator und Lösungsmittel durch die experimentellen Bedingungen erleichtert ist.

1964 erlangte *Kautsky*s Vorschlag der Beteiligung von Sauerstoff im Singulettzustand durch eine Reihe von Oxygenierungsreaktionen von *Foote* und anderen Arbeitsgruppen in den USA wieder Aktualität. Diese Untersuchungen betreffen zwar andersartige Umsetzungen, lieferten aber trotzdem eine wesentliche Stütze für seine Ideen. 1964 war bekannt, daß bei der Wechselwirkung von Natriumhypochlorit und Wasserstoffperoxid angeregter Singulett-Sauerstoff im $'\Delta g$-Zustand entsteht. *Foote* und *Wexler* wiesen nach, daß O_2 in diesem Singulettzustand Olefine und Diene zu den gleichen Produkten oxydiert, wie sie bei der farbstoffsensibilisierten Photooxydation entstehen. Sie folgerten daraus, daß Singulett-Sauerstoff das aktive Zwischenprodukt dieser photosensibilisierenden Oxydation ist. Ähnliche Ergebnisse erhielten *Corey* und *Taylor* mit Sauerstoff im Singulettzustand, der aus gasförmigem O_2 in einer elektrischen Entladung gewonnen wurde. *Foote* fand weiterhin, daß die quantitative Zusammensetzung der Reaktionsprodukte bei der Oxydation mehrerer Olefine sowohl durch photosensibilisierte Oxydation als auch mit angeregten O_2 im Singulettzustand liefernden Agenzien identisch ist. Bei diesen Reaktionen scheint der Singulett-Sauerstoff im $'\Delta g$-Zustand beteiligt zu sein. *Wilson* und *Kawacka* bestätigen die theoretischen Überlegungen von *Foote*, die den lange vernachlässigten Ansichten *Kautskys* sehr ähneln.

Die beiden Singulettzustände des Sauerstoffs unterscheiden sich in ihren Eigenschaften. Der $'\Delta g$-Zustand ist die energieärmere Form und entspricht einem reaktiven Dienophil, während der $'\Sigma g^+$-Zustand radikalähnliche Reaktionen eingeht und bevorzugt Wasserstoffatome entzieht. Auch die Stabilität beider Zustände ist nicht gleich. Der langlebigere $'\Delta g$-Zustand vermag mehr als 10^8 Stöße in der Gasphase zu überdauern, während die $'\Sigma g^+$-Form durch zahlreiche Gase schnell desaktiviert wird. Das aktuelle Interesse für den Einfluß von Gasen auf die Desaktivierung von Sauerstoff im Singulettzustand ist auf Untersuchungen der Luftverunreinigung durch Autoabgase zurückzuführen.

Interessante Angaben über die relative Bedeutung der beiden angeregten Formen des Sauerstoffs im Singulettzustand für den Fall der farbstoffsensibilisierten Photooxydation von Cholest-4-en-3β-ol stammen von *Kearns*. Bei dieser Reaktion entstehen zwei Oxydationsprodukte, eine Epoxyketon (A) und ein Enon (B). Im Gegensatz zu anderen photosensibilisierten Oxydationsprozessen ist hier das Verhältnis der Reaktionsprodukte B/A je nach eingesetztem Sensibilisator weitgehend variabel. Dieser Befund wird auf die Beteiligung beider Singulettzustände des Sauerstoffs an der Reaktion zurückgeführt. Die Unterschiede im Verhältnis der Reaktionsprodukte sind dann einfach mit der Bildung unterschiedlicher Anteile der beiden Singulettzustände des Sauerstoffs erklärbar. Vermutlich wird die Bildung von Singulettsauerstoff entweder des $'\Sigma g^+$- oder $'\Delta g$-Zustandes beim Desaktivieren angeregter Moleküle im Triplettzustand durch O_2-Moleküle durch den Energieinhalt der Triplettform des Sensibilisators bestimmt. So begünstigen energiereiche Triplettformen die Bildung von O_2 im Singulettzustand $'\Sigma g^+$. Sensibilisierende Farbstoffe wie Fluorescein und Eosin erzeugen hauptsächlich die $'\Sigma g^+$-Form, Methylenblau hingegen vorwiegend den $'\Delta g$-Zustand des Singulettsauerstoffs. Das Produktenverhältnis B/A wurde auch für verschiedene Sensibilisatoren unter Konzentrationsänderung des Acceptors ermittelt. Da die Lebensdauer des Sauerstoffs in der $'\Sigma g^+$-Form in Lösung vergleichsweise zur $'\Delta g$-Form wesentlich geringer ist, sollte eine Verminderung der Acceptorkonzentration Reaktionen des Singulett-Sauerstoffs im $'\Delta g$-Zustand fördern. Das konnte experimentell bestätigt werden, denn mit einem Sensibilisator im energiereichen Triplettzustand und niedriger Acceptorkonzentration wurde dasselbe Produktverhältnis B/A erhalten wie bei Verwendung eines Sensibilisators in einem Triplettzustand, der nur den $'\Delta g$-Zustand erzeugt. Bei den energieärmeren Sensibilisatoren hat die Acceptorkonzentration nur einen geringen Einfluß auf das Verhältnis B/A.

Bei sinngemäßer Anwendung der Ergebnisse von *Kearns* auf die photosensibilisierte Oxydation textiler Faserstoffe sollte der Umfang des Abbaus in trockener Luft abhängen von

a) dem Umfang, in dem die beiden Zustände des angeregten Singulettsauerstoffs gebildet werden. Diese Umsetzungen werden durch die Triplettenergie des Sensibilisators bestimmt;
b) dem Ausmaß, in dem eine Desaktivierung des Sauerstoffs im Singulettzustand vor der Reaktion mit dem Fadenmaterial erfolgt;
c) der Oxydierbarkeit des jeweiligen Faserstoffs durch die beiden Singulettzustände des Sauerstoffs.

An dieser Stelle seien einige neuere Ideen zum Problem des photochemischen Abbaus von Polyäthylen diskutiert. Polyäthylen hat keine reine Paraffinstruktur, sondern enthält eine Anzahl von Carbonylgruppen, die durch oxydative Prozesse während der Herstellung und Verformung des Polymeren gebildet werden. Diese Carbonylgruppen können die Ursache für den Abbau des Polyäthylens im Sonnenlicht sein. Bekanntlich kann der n-π^*-Triplettzustand verschiedener Carbonylgruppen enthaltender Verbindungen (z. B. Benzaldehyd, Benzophenon, Anthrachinon) durch O_2-Moleküle unter Bildung von Sauerstoff im Singulettzustand desaktiviert werden. Nach *Trozzolo* und *Winslow* wird der photochemische Abbau des Polyäthylens durch Lichtabsorption der Carbonylgruppe bei etwa 300 nm initiiert. Der angeregte n-π^*-Singulettzustand dieser Gruppe führt dann in folgender Weise zu einer *Norrish*-Spaltung zweiter Art:

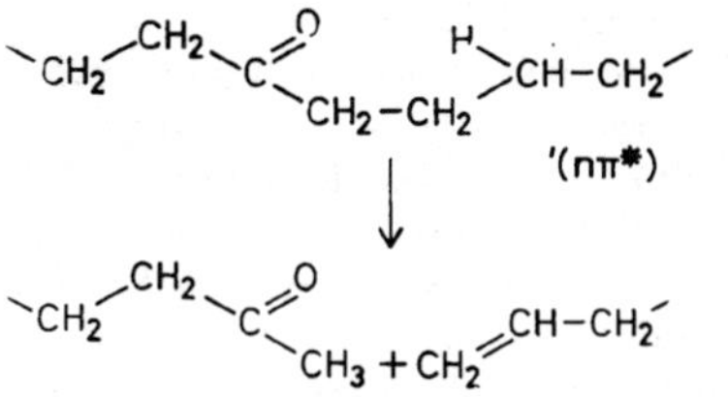

Dabei zerfällt das Polymermolekül in ein Keton und ein Olefin. In einer zweiten, davon getrennten Stufe wird die Bildung von n-π^*-Carbonyltripletts durch strahlungslose Interkombination aus dem angeregten Singulettzustand der Carbonylgruppe und deren Desaktivierung durch molekularen Sauerstoff unter Bildung von Sauerstoff im Singulettzustand postuliert; letzterer reagiert dann mit dem olefinischen Teil der Polyäthylenmolekel unter Bildung eines Hydroperoxids:

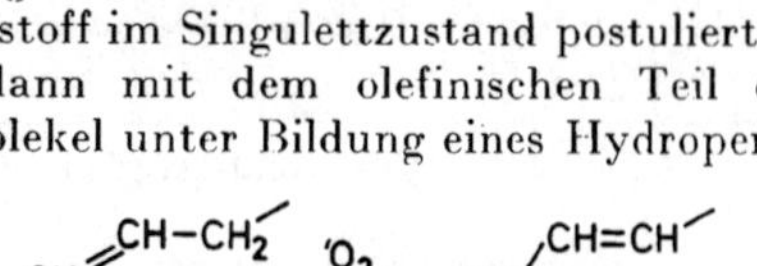

Olefin Hydroperoxid

Der Abbau des Polyäthylens ist dann das Ergebnis der *Norrish*-Spaltung zweiter Art und weiterer Reaktionen des Hydroperoxids.

Der Ablauf einer *Norrish*-Spaltung zweiter Art bei Belichtung von Polyamidmolekülen mit Wellenlängen > 340 nm erscheint zweifelhaft, alle anderen Erkenntnisse des Polyäthylenabbaus können jedoch übertragen werden. Untersuchungen von *Sharkey* und *Mochel* am Modell des N-Pentylhexanamids hatten ergeben, daß der primäre photochemische Angriff an der Methylengruppe neben der Iminogruppe erfolgt. Die Autoren diskutieren einen Reaktionsablauf, in dem zunächst Wasserstoffabspaltung von dieser CH_2-Gruppe durch ein freies Radikal und dann Sauerstoffanlagerung unter Bildung eines Hydroperoxids erfolgen:

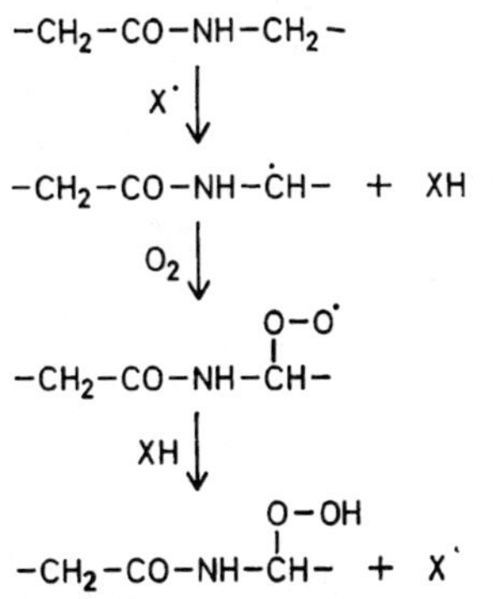

Für den Fall der Modellsysteme mit N-Alkylamiden wird angenommen, daß XH ebenfalls ein Amidmolekül ist. Für feste Polyamide ist dieses Schema weniger befriedigend, da die Beweglichkeit der Polymermoleküle wesentlich geringer als die der flüssigen Modellverbindungen ist. Die Bildung von Hydroperoxidgruppierungen in ungefärbten Polyamidfäden bei Sonnenbelichtung kann wesentlich leichter durch Reaktion des Polymeren mit Sauerstoff im Singulettzustand erklärt werden. Dieser verfügt im $'\Sigma g^+$-Zustand über Wasserstoff entziehende Eigenschaften und besitzt im $'\Delta g$-Zustand die Fähigkeit zur Bildung von Peroxiden und zwar sowohl von Endoperoxiden als auch von Hydroperoxiden. Außerdem hat Singulettsauerstoff die notwendige Beweglichkeit, die den anderen Reaktanten des photochemischen Systems fehlt. Die genannten Fakten sprechen also für einen primären Angriff auf die Polyamidmoleküle durch Sauerstoff im Singulettzustand, der durch Desaktivieren des n-π^*-Triplettzustandes der Carbonylgruppe gebildet wird und dann entweder im $'\Sigma g^+$- oder $'\Delta g$-Zustand mit der Methylengruppe unter Bildung eines Hydroperoxids reagiert. Für eine Entscheidung, welcher der beiden Singulettzustände des Sauerstoffs eindeutig an der Reaktion beteiligt ist, fehlen hinreichende Beweise. Der $'\Sigma g^+$-Zustand kann anfänglich durch Desaktivierung des n-π^*-Triplettzustandes der Carbonylgruppe durch molekularen Sauerstoff entstehen, zumal der Energieinhalt dieser Triplettform ausreichend groß ist. Der $'\Delta g$-Zustand, erfahrungsgemäß meist mit der Bildung organischer Peroxide verbunden, hat darüberhinaus eine größere Lebensdauer, so daß wahrscheinlich diese Form das oxydierende Agens sein sollte. Werden im Ergebnis photochemischer Wirkungen Vinylstrukturen in dem Polyamidmolekül gebildet, erlangt der $'\Delta g$-Zustand dieselbe Bedeutung wie beim Abbau des Polyäthylens.

Bei der bislang geführten Diskussion des photochemischen Abbaus ungefärbter Polyamidfaserstoffe sind die sensibilisierenden Gruppen, die den Abbau initiieren, bereits in dem Polymermolekül vorhanden. Ergebnisse von *Anton* weisen aus, daß sie in Analogie zum Polyäthylen auch durch thermische Oxydation während der Polymerisation und des Spinnprozesses entstehen können. Der amerikanische Autor spann zwei unmattierte Polyamid-6.6-Proben unterschiedlicher thermischer Vorgeschichte. Bild 8 beschreibt die UV-Absorptionsspektren der erhaltenen Fäden in ameisensaurer Lösung. Die Probe A hat als Folge einer stärkeren thermischen Oxydation eine wesentlich größere Absorption und erfährt auch einen weitaus stärkeren Abbau bei Belichtung (Bild 9). Damit drängt sich die Frage auf, ob ein kommerzieller Polyamidfaserstoff durch die übliche Primärstrukturangabe noch hinreichend genau beschrieben wird. Ähnlich wie beim Polyäthylen können diese Abweichungen von der theoretischen Struktur potentielle Ursache der Unbeständigkeit der Polyamidfäden bei Sonnenbelichtung sein.

Zahlreiche Sensibilisatoren, und zwar sowohl Farbstoffe als auch weiße Pigmente wie Zinkoxid und Titandioxid, können in Gegenwart von Sauerstoff und Wasser bei Belichtung mit naher ultravioletter und sichtbarer Strahlung die Bildung von Wasserstoffperoxid verursachen. Die photochemische Synthese von Wasserstoffperoxid erfolgt unabhängig von der Anwesenheit eines Textilfadens und darf nicht mit der Bildung von Hydroperoxiden während der Bestrahlung ungefärbter Polyamidfaserstoffe verwechselt werden. Die Hydroperoxide sind nicht flüchtige organische Peroxide, während Wasserstoffperoxid nur in Gegenwart von Wasser oder Wasserdampf gebildet wird. Photochemisch entstandenes Wasserstoffperoxid

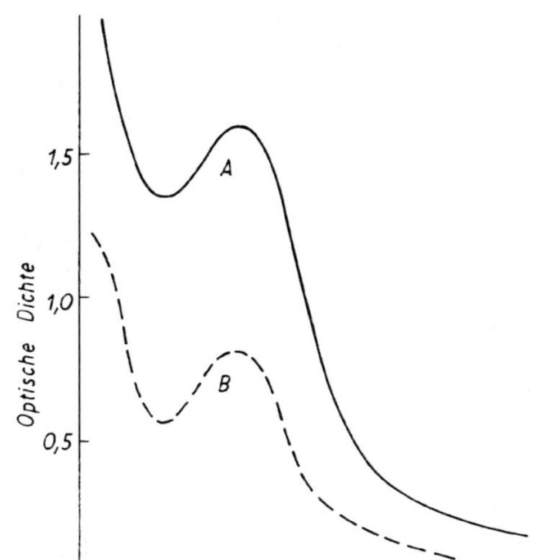

Bild 8. UV-Absorptionsspektren unmattierter Polyamid-6.6-Fäden (2%ige Lösung in Ameisensäure, Schichtdicke 1 cm) nach *Anton*. *A* ist stärker bestrahlt als *B*

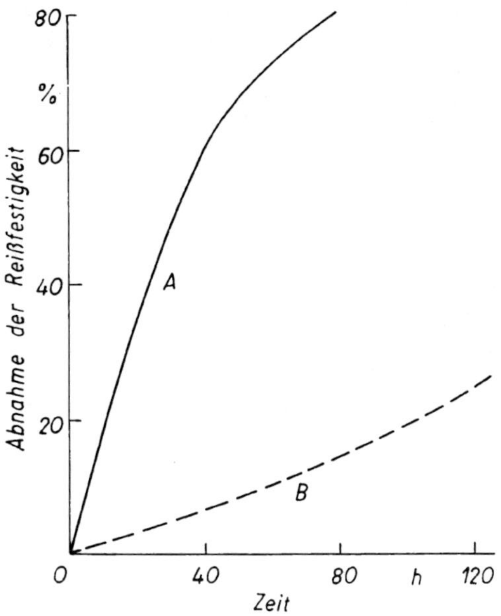

Bild 9. Einfluß thermooxydativer Vorabschädigungen auf den Festigkeitsverlust der in Bild 8 gezeigten Fäden bei Belichtung im Xenotestgerät nach *Anton*

ist wahrscheinlich die Ursache für das verstärkte Ausbleichen von Farbstoffen und für den beschleunigten Abbau textiler Faserstoffe in feuchten Atmosphären. Polyamidfäden scheinen gegen die Einwirkung von Wasserstoffperoxid stabiler als andere Faserstoffe, wie z. B. Baumwolle, zu sein; aus der o. g. Diskussion des Temperatureinflusses auf den photochemischen Abbau mattierten Polyamidfaserstoffs ist jedoch ein signifikanter Einfluß während der letzten Abbauphase erkennbar. Die Ursache dieses Verhaltens ist möglicherweise in dem anfänglich im wesentlichen hydrophoben Charakter der Polyamidmoleküle zu sehen, die nach längerem oxydativem Abbau hydrophiler und deshalb für den Angriff durch Wasserstoffperoxid oder dessen Zersetzungsprodukte zugänglicher werden.

Der Bildungsmechanismus des Wasserstoffperoxids ist nicht völlig gesichert. Die beiden Singulettformen des Sauerstoffs werden durch Wassermoleküle wie auch durch andere gasförmige Moleküle desaktiviert, so daß Singulett-Sauerstoff nicht direkt an der photochemischen Bildung von Wasserstoffperoxid beteiligt sein kann. Es gibt jedoch Hinweise, daß bei der Bestrahlung von Sensibilisatoren in Wasser O_2^- gebildet wird. Möglicherweise entstehen Singulett-Sauerstoff und Wasserstoffperoxid unter intermediärer Bildung eines Farbstoff/Sauerstoff-Komplexes, der sich mit einem Ionenpaar-Komplex im Gleichgewicht befindet:

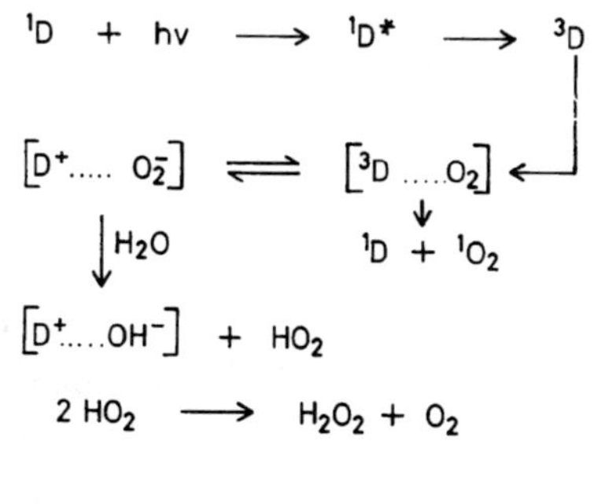

Danach entstünde in Abwesenheit von Wasserdampf nur Sauerstoff im Singulett-Zustand, in Gegenwart von Wasserdampf erfolgt jedoch auch Bildung von Wasserstoffperoxid.

Die Diskussion des photochemischen Abbaus von gefärbten und ungefärbten Polyamidfaserstoffen soll gleichzeitig den Rahmen für einen allgemeinen Überblick über bekannte Methoden zur Verbesserung der Lichtstabilität dieser Materialien bilden. Dabei handelt es sich meist um Patentanwendungen verschiedener Firmen, so daß nur sehr allgemeine Angaben gemacht werden können. Eine wichtige Klasse von Schutzstoffen sind die UV-Absorber. Ihre Bedeutung liegt hauptsächlich in der Stabilisierung ungefärbter Fäden, jedoch gibt es Hinweise, daß sie in einigen Fällen auch die Lichtechtheit gefärbter Faserstoffe erhöhen können. UV-Absorber können in einem Nachbehandlungsprozeß aus Lösungen auf die gesponnenen Fäden aufgetragen oder aber der Polymerschmelze zugesetzt werden. Sie sind farblose oder nahezu farblose Substanzen, die eine starke Absorption im nahen UV aufweisen und die Lichtabsorption des Polymeren in diesem Gebiet verhindern. Ein wirksamer UV-Absorber muß darüberhinaus die absorbierte Lichtenergie in geeigneter Weise zerstreuen, selbst gegen Lichteinwirkung sehr beständig sein und farblos bleiben. Wird er der Polymerenschmelze vor dem Extrudieren zugesetzt, ist natürlich auch eine gute Wärmestabilität erforderlich. Naturgemäß ist eine hinreichend gleichmäßige Verteilung im polymeren Material von großer Wichtigkeit.

Die wirksamsten UV-Absorber basieren hauptsächlich auf Verbindungen vom Typ des 2-Hydroxy-benzophenons (a), 2-Hydroxyphenyl-benztriazols (b) und 2-Hydroxyphenyl-benzimidazols, -benzoxazols und -benzthiazols (c).

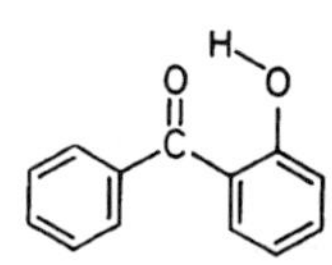

a

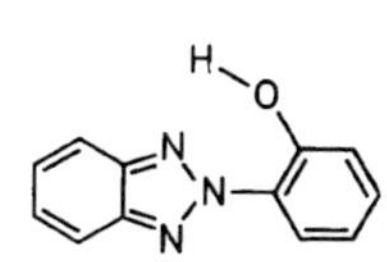

b

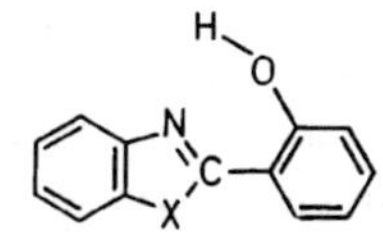

c

X = NH, O oder S

Diese Grundtypen können dann noch weitere Substituenten, z. B. Hydroxy- und Methoxygruppen, enthalten.

Die photochemische Stabilität dieser Verbindungen scheint von der o-Substitution des Benzolringes durch eine OH-Gruppe abzuhängen. So steht z. B. die beträchtliche photochemische Reaktivität des unsubstituierten Benzophenons in absolutem Gegensatz zum Verhalten dieser Stabilisatoren. Wahrscheinlich ist ihre Fähigkeit zur Umwandlung absorbierter UV-Energie in Wärme ohne Bildung freier Radikale oder anderer reaktiver Zwischenprodukte auf die Entstehung eines sechsgliedrigen Ringes durch Ausbildung von Wasserstoffbrückenbindungen zwischen Hydroxyl- und Carbonylgruppe zurückzuführen. Dadurch wird eine Energieübertragung von der Triplettform unter Bildung eines Chinons in ionischer Enolform möglich, das unter Abgabe thermischer Energie in den Grundzustand zurückkehrt:

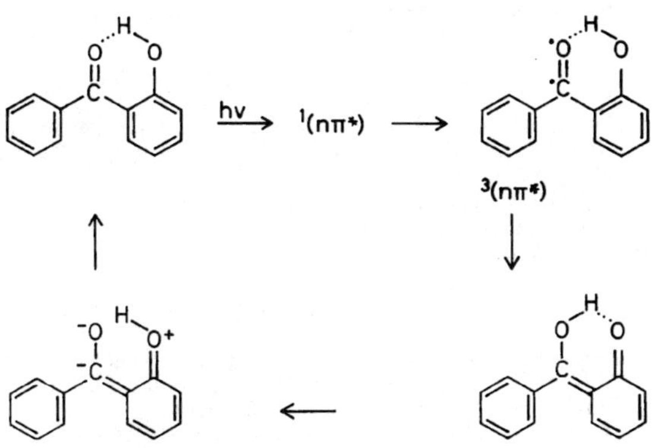

UV-Absorber mit den Strukturen (b) und (c) verhalten sich ähnlich. Sie können Wasserstoffbrückenbindungen zwischen Hydroxylgruppe und einem Stickstoffatom des heterocyclischen Ringes ausbilden. Diese UV-Absorber haben die beste stabilisierende Wirkung bei ungefärbten und unmattierten Polymeren.

Die als Mattierungsmittel benutzte Anatasform des Titandioxids ist ebenfalls ein sehr guter UV-Absorber, hat jedoch im Gegensatz zu den angeführten Stabilisatoren ausgeprägte photosensibilisierende Eigenschaften. Die beste Variante zur Verminderung der sensibilisierenden Wirkung des Titandioxids scheint im Zusatz von Verbindungen des zweiwertigen Mangans zum Polymeren zu bestehen. Dieser durch zahlreiche Patentanmeldungen gekennzeichnete Komplex ist nicht eindeutig überschaubar. Generell kann gesagt werden, daß mit steigendem Mangangehalt die Lichtbeständigkeit wächst, größere Mn-Anteile jedoch Verfärbungen des Polymeren hervorrufen. Die Farbtiefe hängt dabei vom Anion ab, denn eine Reihe von Phosphaten verursacht offenbar geringere Verfärbungen als viele andere Salze. Manganverbindungen dienen auch zu Lichtstabilisierung unmattierten Polyamids. Brauchbare Informationen innerhalb dieses Gebiets beschränken sich hauptsächlich auf die Patentliteratur. Von Interesse sind daher Ergebnisse von *Marek* und *Lerch*, die der Lösung eines Modellpolyamids ein Mangansalz zusetzten, wodurch bei Bestrahlung die Bildung von Hydroperoxiden und Vorstufen des Pyrrols verhindert sowie die Entstehung von Aldehyden verringert wurden.

Im Falle gefärbter Polyamidfaserstoffe sollte eine hinreichende Lichtbeständigkeit am zweckmäßigsten durch den Einsatz von Farbstoffen erzielt werden, die als UV-Absorber wirken. Zahlreiche Chelate des zweiwertigen Nickels z. B. sind bekannte Polyolefinstabilisatoren, die die Singulett- und Triplettformen der angeregten Polymermoleküle desaktivieren. Die hohe Lichtechtheit einiger 1:2-Metallkomplexfarbstoffe und ihre Stabilisatorwirkung bei Polyamiden kann wahrscheinlich auf dieselben Ursachen zurückgeführt werden, jedoch üben nicht alle Metallkomplexfarbstoffe eine schützende Wirkung auf Polyamide aus.

Literatur

Photochemischer Abbau von Polyamiden

Egerton, G. S.: The action of light on cellulose acetate rayon dyed with Duranol, Dispersol, SRA, and Solacet dyes. J. Soc. Dyers Colourists **64** (1948) S. 336—341.
Egerton, G. S.: The mechanism of the photochemical degradation of textile materials. J. Soc. Dyers Colourists **65** (1949) S. 764—780.
Egerton, G. S., Assaad, N. E. N., und *Uffindell, N. D.:* Studies on aminoanthraquinone compounds. VII. Validity of the relation between photosensitisation and photoreduction with piperidino derivatives. J. Soc. Dyers Colourists **83** (1967) S. 409—416.
Egerton, G. S., und *Assaad, N. E. N.:* Photochemical behaviour of vat dyes. I. Reaction with the polymer substrate. J. Soc. Dyers Colourists **86** (1970) S. 203—208.
Egerton, G. S.: The action of ligth on viscose rayon, silk and nylon, undyed and dyed with some vat dyes. J. Textile Inst. **39** (1948) S. T293—T304.
Egerton, G. S.: The role of hydrogen peroxide in the photochemical degradation of cotton sensitized by vat dyes and some metallic oxides. J. Textile Inst. **39** (1948) S. T305—T318.
Egerton, G. S., und *Shah, K. M.:* Effect of temperature on the photosensitized degradation of textile fibres. Nature, London **202** (1964) S. 81—82.
Egerton, G. S., Gleadle, J. M., und *Roach, A. G.:* Photochemistry of anthraquinone dyes in solution and in polymer masses. Nature, London **202** (1964) S. 345—347.
Egerton, G. S.: Photosensitising properties of dyes and white pigments. Nature, London **204** (1964) S. 1153—1155.
Egerton, G. S.: Some aspects of the photochemical degradation of nylon, silk, and viscose rayon. Textile Res. J. **18** (1948) S. 659—669.
Egerton, G. S., und *Shah, K. M.:* The effect of temperature on the photochemical degradation of textile materials. Part I: Degradation sensitized by titanium dioxide. Textile Res. J. **38** (1968) S. 130—135.
Egerton, G. S., Assaad, N. E. N., und *Uffindell, N. D.:* Photosensitised oxidation of polyamides. Chem. & Ind. (1967) S. 1172—1173.
Schwemmer, M.: Über den photochemischen Abbau von Polyamidfasern. Textil-Rdsch., St. Gallen. **11** (1956) 1, S. 1—15; 2, S. 70—82; 3, S. 131—136.
Salvin, V. S.: The effect of dyes on light degradation of nylon. Amer. Dyestuff Rep. **57** (1968) 5, S. 51 (P156) bis 54(P159).
D'Albignac, J.: Les colorants métallifères et la dégradation photochimique du polyamide 6.6. Teinture et Apprêts **112** (1969) S. 81—91.

Abbauprodukte von Polyamiden

Moore, R. F.: The photochemical degradation of polyamides and related model N-alkylamides. Polymer, London **4** (1963) S. 493—513.
Sharkey, W. H., und *Mochel, W. E.:* Mechanism of the photooxidation of amides. J. amer. chem. Soc. **81** (1959) S. 3000—3005.
Marek, B., und *Lerch, E.:* Photodegradation and yellowing of polyamides. J. Soc. Dyers Colourists **81** (1965) 11, S. 481—488.
Boasson, E. H., Kamerbeek, B., Algera, A., und *Kroes, G. H.:* The photooxidation of nylon 6 and 66. Rec. Trav. chim. **81** (1962) S. 624—634.
Kroes, G. H.: The photooxidation of nylon 6 and 66. Rec. Trav. chim. **82** (1963) S. 979—987.
Anton, A.: Determination of hydroperoxides in ultraviolet-irradiated nylon 66. J. appl. Polymer Sci. **9** (1965) 5, S. 1631—1639.

Singulett-Sauerstoff

Kautsky, H., Hirsch, A., und *Baumeister, W.:* Photoluminescenz fluorescierender Farbstoffe an Grenzflächen. (Energie-Umwandlungen an Grenzflächen. II. Mitt.) Ber. dt. chem. Ges. **64B** (1931) S. 2053—2059.
Kautsky, H., und *Hirsch, A.:* Wechselwirkung zwischen angeregten Farbstoff-Molekülen und Sauerstoff. (Energie-

Umwandlungen an Grenzflächen. IV. Mitt.) Ber. dt. chem. Ges. **64 B** (1931) S. 2677—2683.
Kautsky, H., und *Hirsch, A.*: Phosphorescenz absorbierter fluorescierender Farbstoffe und ihre Beziehung zu reversiblen und irreversiblen Struktur-Änderungen der Gele. (Energie-Umwandlungen an Grenzflächen. V. Mitt.) Ber. dt. chem. Ges. **65B** (1932) S. 401—406.
Kautsky, H., *de Bruijn, H.*, *Neuwirth, R.*, und *Baumeister, W.*: Photosensibilisierte Oxydation als Wirkung eines aktiven, metastabilen Zustandes des Sauerstoff-Moleküls. (Energie-Umwandlungen an Grenzflächen. VII. Mitt.) Ber. dt. chem. Ges. **66B** (1933) S. 1588—1600.
Kautsky, H., *Hirsch, A.*, und *Flesch, W.*: Die Bedeutung metastabiler Zustände für sensibilisierte Photo-oxydationen. (Energie-Umwandlungen an Grenzflächen. VIII. Mitt.) Ber. dt. chem. Ges. **68B** (1935) S. 152—162.
Kautsky, H.: Quenching of luminescence by oxygen. Trans. Faraday Soc. **35** (1939) S. 216—219.
Gaffron, H.: Über den Mechanismus der Sauerstoff-Aktivierung durch belichtete Farbstoffe. II. Mitt. Photooxydation im nahen Infrarot. Ber. dt. chem. Ges. **68B** (1935) S. 1409—1411.
Gaffron, H.: Metastable oxygen and carbon dioxide assimilation. Biochem. Z. **287** (1936) S. 130—139.
Foote, Ch. S., und *Wexler, S.*: Olefin oxidations with excited singlet molecular oxygen. J. amer. chem. Soc. **86** (1964) S. 3879—3880.
Foote, Ch. S., und *Wexler, S.*: Singlet oxygen. A probable intermediate in photosensitised autoxidations. J. amer. chem. Soc. **86** (1964) S. 3880—3881.
Foote, Ch. S., *Wexler, S.*, *Ando, W.*, und *Higgins, R.*: Chemistry of singlet oxygen. IV. Oxygenations with hypochlorite-hydrogen peroxide. J. amer. chem. Soc. **90** (1968) S. 975—981.
Foote, Ch. S., *Wexler, S.*, und *Ando, W.*: Chemistry of singlet oxygen. III. Product selectivity. Tetrahedron Letters (1965) S. 4111—4118.
Foote, Ch. S.: Photosensitized oxygenations and the role of singlet oxygen. Accts. Chem. Res. **1** (1968) S. 104—110.
Corey, E. J., und *Taylor, W. C.*: A study of the peroxidation of organic compounds by externally generated singlet oxygen molecules. J. amer. chem. Soc. **86** (1964) S. 3881 bis 3882.
Kearns, D. R., *Hollins, R. A.*, *Khan, A. U.*, *Chambers, R. W.*, und *Radlick, Ph.*: Evidence for the participation of $'\Sigma_g^+$ und $'\Delta_g$ oxygen in dyesensitised photo-oxygenation reactions. I. II. J. amer. chem. Soc. **89** (1967) S. 5455 bis 5456, S. 5456—5457.
Wilson, Th.: Excited singlet molecular oxygen in photooxidation. J. amer. chem. Soc. **88** (1966) S. 2898—2902.
Kawaoka, K., *Khan, A. U.*, und *Kearns, D. R.*: Role of singlet excited states of molecular oxygen in the quenching of organic triplet states. J. chem. Physics **46** (1967) S. 1842—1853.
Wayne, R. P.: Singlet molecular oxygen. In: Advances in Photochemistry **7** (1969), hgg. von *Pitts, Hammond* und *Noyes*. (Interscience Publ.).

Photochemischer Abbau von Polyolefinen

Trozzolo, A. M., und *Winslow, F. H.*: A mechanism for the oxidative photodegradation of polyethylene. Macromolecules, Washington **1** (1968) 1, S. 98—100.
Cicchetti, O.: Mechanisms of oxidative photodegradation and of UV stabilization of polyolefins. Adv. Polymer Sci. **7** (1970) S. 70—112.

Photochemische Bildung von Wasserstoffperoxid

Scholefield, F., und *Goodyear, E. H.*: Die Wirkung des Lichts auf mit gewissen Küpenfarbstoffen gefärbte Baumwolle. Melliand Textilber. **10** (1929) S. 867—869.
Landolt, A.: Beiträge zum Verhalten von Baumwollküpen-Färbungen bei der Belichtung. Melliand Textilber. **10** (1929) S. 533—534.
Landolt, A.: Zum Kapitel: Belichtung und Faserschädigung. Melliand Textilber. **11** (1930) S. 937—940.
Uri, N.: Inorganic free radicals in solution. Chem. Rev. **50** (1952) S. 375—454.
Lindqvist, L.: A flash photolysis study of fluorescein. Arkiv Kemi **16** (1960) S. 79—138.
Kasche, V., und *Lindqvist, L.*: Reactions between the triplet state of fluorescein and oxygen. J. physic. Chem. **68** (1964) S. 817—823.
Koizumi, M., und *Usui, Y.*: Reactions by singlet oxygen and via transient complex (between dye and oxygen), produced simultaneously through the interaction between triplet eosine and oxygen. Tetrahedron Letters (1968) S. 6011—6014.
Baur, E., und *Neuweiler, C.*: Über photolytische Bildung von Hydroperoxyd. Helv. chim. Acta **10** (1927) S. 901—907.
Calvert, J. G., *Theurer, K.*, *Rankin, G. T.*, und *MacNevin, W. M.*: A study of the mechanism of the photochemical synthesis of hydrogen peroxide at zinc oxide surfaces. J. amer. chem. Soc. **76** (1954) S. 2575—2578.

Eingegangen am 7. September 1970

Experimentalfaserstoffe aus Formaldehyd-Copolymerisaten[1])

Klaus Dietrich, Gerhard Reinisch, Heinz Versäumer und *Rudolf Schiffner*
Deutsche Akademie der Wissenschaften zu Berlin, Institut für Faserstoff-Forschung in Teltow-Seehof;
Johannes Naumann und *Michael Kleindienst*
VEB Chemiefaserkomkinat Schwarza "Wilhelm Pieck", Rudolstadt

DK 677.494.744.6:677.494.061:677.021.15:677.017.42

Die Herstellung von Polyformaldehydfäden aus Formaldehyd-Copolymerisaten, das Spinn- und Reckverhalten, Fadeneigenschaften sowie Eigenschaften von Flächengebilden aus diesen Fäden werden erörtert.

Die Spinntemperatur für Formaldehyd-Copolymerisate liegt zwischen 180 und 200 °C. Es werden auch bei hohen Abzugsgeschwindigkeiten gut reckbare Fäden erhalten. Durch Variation der Recktemperatur bei konstantem Reckverhältnis entstehen Fäden mit Hohlraumstruktur und unterschiedlicher Dichte.

Experimentalfäden mit Festigkeiten von 50 bis 60 Rkm sind noch bei 90% der Reißkraft voll elastisch und damit relativ unempfindlich gegenüber Zugkraftschwankungen in der anwendungstechnischen Praxis. Relativ hoher Biegewert und hohe Schlingenscheuerung lassen ein günstiges Gebrauchsverhalten erwarten.

Formaldehyd-Copolymerisat-Faserstoffe zeigen bei der apparativen Prüfung keine elektrostatische Aufladung.

In Abhängigkeit von der Wahl der Behandlungsbedingungen lassen sich verschiedene Schrumpfhöhen einstellen.

Die Experimentalfäden sind mit Dispersionsfarbstoffen und basischen Farbstoffen anfärbbar. Die relativ hohe Empfindlichkeit gegen Mineralsäuren muß bei Veredlungsbehandlungen beachtet werden.

Es wurden verschiedene Verarbeitungstests einschließlich Texturierung durchgeführt. Um Flächengebilde zu stabilisieren, sind die Fixierbedingungen im Bereich von 140 bis 160 °C zu wählen.

Die Lichtbeständigkeit ist vom Orientierungsgrad abhängig und entspricht der von mattierten, lichtstabilisierten Polycaprolactamfäden.

[1]) Vorgetragen von *K. Dietrich* auf dem 3. Internationalen Chemiefasersymposium in Dresden am 1. Dezember 1970. Der vollständige Wortlaut des Vortrages wird in Heft 5/1971 veröffentlicht.

Faserforschung und Textiltechnik 22 (1971) Heft 2

Anwendung der Regressionsanalyse bei der Planung, Durchführung und Auswertung von Versuchen[1]

Friedrich Winkler und *Albrecht Bauer*

Deutsche Akademie der Wissenschaften zu Berlin, Institut für Faserstoff-Forschung in Teltow-Seehof

DK 519.272.119:51(086.5)519.2

Betrachtet man ein Untersuchungsobjekt als statisches System mit den Eingangsgrößen x_i und der Ausgangsgröße y, so lassen sich Regressionsgleichungen als mathematische Modelle für den Zusammenhang zwischen den x_i und y aufstellen. Auf die dafür anwendbaren Gleichungstypen und die Möglichkeiten zur Reduzierung der Anzahl der Summanden in ihnen wird eingegangen. Weiter werden die verschiedenen Arten der statistischen Versuchspläne, wie Faktorenpläne, Orthogonalpläne und lateinische Quadrate, behandelt. Einige Beispiele zur Anwendung der Regressionsanalyse auf eigene Versuche beschließen die Arbeit.

Применение регрессионного анализа при планировании, проведении опытов и обработке полученных данных

Если рассматривать предмет исследования как статическую систему с входными величинами x_i и выходной величиной y, то в качестве математических моделей взаимосвязи между x_i и y можно составлять уравнения регрессии. Обсуждаются применимые типы уравнений и возможности уменьшения числа слагаемых в них. Кроме того, рассматриваются различные виды статистических планов опытов, как-то факторные, ортогональные планы и латинские квадраты. В заключение приводятся некоторые примеры применения регрессионного анализа в собственных опытах.

Application of Regression Analysis in the Design, Performing and Evaluation of Experiments

By considering a sample as a static system having the input variables x_i and the output variable y the relationship between these quantities can be described by mathematical models using regression equations. The types of appropriate equations and the possibilities of reducing the amount of their summands are discussed. Various kinds of the statistical design of tests, as factorial plans, orthogonal plans and latin squares, are considered. Finally, the application of regression analysis to tests performed by the authors are demonstrated by some examples.

1. *Einleitung*

Bei der Untersuchung bestimmter Eigenschaften von Materialien hängt das Meßergebnis für ein zu beurteilendes Merkmal meist von verschiedenen Einflußgrößen ab. Können die Einflußgrößen in vorgegebenen Bereichen beliebig und unabhängig von der Zeit eingestellt werden, kann man das Untersuchungsobjekt als ein statisches System betrachten. Die Einflußgrößen stellen dann die Eingangsgrößen $x_1, x_2, \ldots, x_n$, das zu beurteilende Merkmal die Ausgangsgröße y dar. In Bild 1 ist ein solches statisches System für drei Eingangsgrößen und eine Ausgangsgröße schematisch dargestellt.

Zur Beurteilung der Abhängigkeit der Ausgangsgrößen von den Eingangsgrößen erweist sich die Regressionsanalyse als zweckmäßig. Dazu ist eine Regressionsgleichung als mathematisches Modell für den Zusammenhang vorzugeben. Sollen dann systematisch alle möglichen Kombinationen der Eingangsgrößen untersucht werden, ergeben sich sehr schnell so hohe Anzahlen von Einzelversuchen, daß die Frage nach der Ökonomie solcher Arbeiten gestellt werden muß. Führt man für die n Eingangsgrößen x_i Messungen auf k Niveaus mit je l Einzelwerten aus, so erfordert dies $z = lk^n$ Einzelversuche. Bei drei Eingangsgrößen mit je fünf Niveaus und fünf Einzelwerten ergeben sich z. B. $z = 5 \cdot 5^3 = 625$ Einzelversuche. Durch Anwendung der statistischen Versuchsplanung läßt sich jedoch der Versuchsaufwand stark reduzieren.

[1]) Vorgetragen von *F. Winkler* auf dem 3. Internationalen Chemiefasersymposium in Dresden am 2. Dezember 1970.

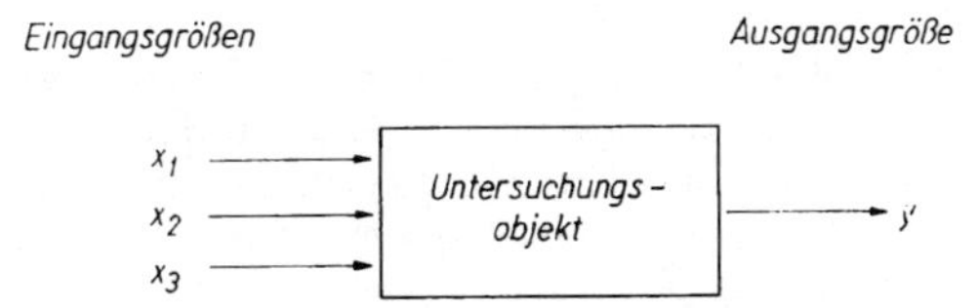

Bild 1. Schematische Darstellung eines Untersuchungsobjektes mit Eingangsgrößen x_i und Ausgangsgröße y als statisches System

2. *Mögliche Regressionsgleichungen*

Um den Rechenaufwand nicht zu hoch werden zu lassen, muß versucht werden, Regressionsgleichungen möglichst niedrigen Grades und/oder mit möglichst wenigen Summanden anzusetzen.

2.1. *Lineare Gleichung*

Für viele Fragestellungen genügt ein linearer Ansatz. Er erfordert nur einen geringen Rechenaufwand und Messungen jeder Eingangsgröße auf mindestens zwei Niveaus. Dafür läßt er meist nur Aussagen über die Änderung der Ausgangsgröße an einem Arbeitspunkt bei Änderungen der Eingangsgrößen zu. Die lineare Form für drei Eingangsgrößen (Gleichung (1))

$$y = b_0 + b_1 x_1 + b_2 x_2 + b_3 x_3 \tag{1}$$

wurde z. B. von *Liebscher* und *Klitzsch* [14] bei der Ermittlung optimaler Verklebungsbedingungen textiler Flächengebilde verwendet. Nach der Methode der kleinsten Quadrate sind dabei vier Größen zu bestimmen, nämlich die Regressionskonstante b_0 und die drei Regressionskoeffizienten b_1, b_2 und b_3. Die Gleichung (2)

$$y = b_0 + \sum_{i=1}^{n} b_i x_i \tag{2}$$

stellt die allgemeine lineare Form für n Eingangsgrößen dar. Sie wurde z. B. von *Zuravlev* und *Majboroda* [24] mit 14 Eingangsgrößen zur Bestimmung der optimalen Viskosität bei der Herstellung von Viskose angesetzt.

2.2. Quadratische Gleichungen

Einen höheren Rechenaufwand erfordert die vollständige quadratische Regressionsgleichung. Für drei Eingangsgrößen ist sie als Gleichung (3)

$$y = b_0 + b_1x_1 + b_2x_2 + b_3x_3 + b_{11}x_1^2 + b_{22}x_2^2 + b_{33}x_3^2 + b_{12}x_1x_2 + b_{13}x_1x_3 + b_{23}x_2x_3 \quad (3)$$

angegeben. Bei dieser auch von uns verwendeten Form sind außer der Regressionskonstanten b_0 schon neun Regressionskoeffizienten zu berechnen. Die vollständige quadratische Regressionsgleichung hat dafür den Vorteil, Maxima oder Minima für die Ausgangsgröße ermitteln zu lassen, was mit der linearen Form nicht möglich ist. Die Messungen müssen aber für jede Eingangsgröße auf mindestens drei Niveaus durchgeführt werden. In neuerer Zeit wurde diese Regressionsgleichung für drei Eingangsgrößen von *Iyer* und *Garde* [9] angegeben. Bei der Suche nach einer optimalen Gummizusammensetzung verwendeten sie z. B. *Moscovici* und *Buzulica* [20]. Gleichung (4)

$$y = b_0 + \sum_{i=1}^{n} b_i x_i + \sum_{i=1}^{n} b_{ii} x_i^2 + \sum_{i<j}^{n} \sum^{n} b_{ij} x_i x_j \quad (4)$$

stellt die allgemeine quadratische Form für n Eingangsgrößen dar, wie sie z. B. von *Lisenkov* [16] und von *Krug* [12] angegeben wurde. Der Rechenaufwand steigt dabei sehr schnell an, weil außer der Regressionskonstanten b_0 dann $n(n+3)/2$ Regressionskoeffizienten zu bestimmen sind.

2.3. Gleichungen höheren Grades

Noch stärker steigt der Rechenaufwand an, wenn Regressionsgleichungen höheren Grades für eine größere Anzahl von Eingangsgrößen angewendet werden. Die Gleichung (5)

$$y = b_0 + \sum_{i=1}^{n} b_i x_i + \sum_{i=1}^{n} \sum_{j=1}^{n} b_{ij} x_i x_j + \cdots + \sum_{i=1}^{n} \sum_{j=1}^{n} \cdots \sum_{m=1}^{n} b_{ij\ldots m} x_i x_j \ldots x_m \quad (5)$$

stellt die allgemeine Form der Regressionsgleichung m-ten Grades für n Eingangsgrößen dar. Mit Gleichung (6)

$$p = \binom{n}{0} + \binom{n}{1} + \binom{n+1}{2} + \binom{n+2}{3} + \cdots + \binom{n+m-1}{m} \quad (6)$$

läßt sich die Anzahl p der zu berechnenden Unbekannten als Summe aus der Regressionskonstanten b_0 und den Regressionskoeffizienten für die vollständige Regressionsgleichung ermitteln. Tabelle 1 enthält die praktisch interessierenden Angaben. Dabei ist zu beachten, daß

Tabelle 1. Anzahl p der zu berechnenden Unbekannten

Grad m der Gleichung	Anzahl n der Eingangsgrößen									
	1	2	3	4	5	6	7	8	9	10
1	2	3	4	5	6	7	8	9	10	11
2	3	6	10	15	21	28	36	45	55	66
3	4	10	20	35	56	84	120	165	220	286
4	5	15	35	70	126	210	330	495		
5	6	21	56	126	252	462				
6	7	28	84	210	462					

der Rechenaufwand nicht linear, sondern etwa quadratisch mit p steigt. Das begrenzt sowohl den Grad der Gleichung als auch die Anzahl der Eingangsgrößen, selbst wenn große und schnelle Rechner eingesetzt werden.

2.4. Unvollständige Gleichungen

Um den Rechenaufwand niedrig zu halten, werden teilweise von vornherein unvollständige Gleichungen angesetzt. So verwendeten z. B. *Garde* und *Rottmayr* [7] zur Ermittlung der Fadenspannungsverhältnisse an der Baumwoll-Ringspinnmaschine eine Regressionsgleichung dritten Grades für drei Eingangsgrößen mit nur 16 statt 20 Summanden. *Ivachnenkov* [8] setzt für die Lösung regelungstechnischer Probleme für vier Eingangsgrößen zunächst je zwei vollständige quadratische Regressionsgleichungen an, wobei er die Art der Kombination der Eingangsgrößen von bestimmten Kriterien abhängig macht. Durch Multiplikation beider Gleichungen erhält er eine unvollständige Regressionsgleichung vierten Grades für vier Eingangsgrößen mit nur 56 statt 70 Summanden. Bei einem solchen Vorgehen besteht immer die Gefahr, daß statistisch hoch gesicherte Summanden von vornherein in die Regressionsgleichung nicht aufgenommen werden.

2.5. Andere nichtlineare Ansätze

Häufig ist es vorteilhaft, in dem nichtlinearen Ansatz statt oder neben den Produkten und Potenzen der Eingangsgrößen andere nichtlineare Zusammenhänge zu berücksichtigen. Es schlägt z. B. *Kaplick* [10] vor, trigonometrische, logarithmische und Exponential-Funktionen sowie Kombinationen dieser Möglichkeiten, aber auch Quotienten und (seltener) Summen oder Differenzen zu verwenden. Dabei empfiehlt er, zunächst eine lineare Regressionsgleichung anzusetzen und ausgehend von den dort ermittelten Regressionskoeffizienten b_i und b_j Produkte zu wählen, wenn beide gleiches Vorzeichen haben, Quotienten dagegen bei ungleichen Vorzeichen. Wir selbst haben schon früher [1] bei der dynamischen Zugprüfung auf Grund physikalischer Zusammenhänge statt der Lastwechselzahl deren dekadischen Logarithmus eingesetzt.

2.6. Scheinbar lineare Gleichungen

Die unterschiedlichsten nichtlinearen Glieder der Regressionsgleichung zwingen nun dazu, immer wieder andere Formen der Regressionsgleichung anzusetzen. Einfacher ist es, die nichtlinearen Zusammenhänge nicht direkt in die Gleichung einzusetzen, sondern erst eine Linearisierung vorzunehmen. Also z. B. nicht $x_i^2 \lg x_j$ in die Regressionsgleichung einzusetzen, sondern x_k, wobei dieses $x_k = x_i^2 \lg x_j$ vorher zu berechnen ist.

Man erhält damit einen linearen Ansatz und hat den Vorteil, daß sich alle Regressionsgleichungen auf die allgemeine lineare Form zurückführen lassen, wie es z. B. von *Kaplick* [10] empfohlen wird.

Für weitergehende Auswertungen muß dann jedoch häufig auf die nichtlineare Regressionsgleichung zurückgegangen werden. Das heißt, die x_k in der scheinbar linearen Gleichung sind durch die x_i der nichtlinearen Gleichung zu ersetzen. Bei der nichtlinearen Regression geben nämlich nicht die Regressionskoeffizienten b_k der scheinbar linearen Regressionsgleichung, sondern die partiellen Ableitungen der nichtlinearen Regressionsgleichung nach x_i den vollständigen Einfluß von x_i auf y an, worauf z. B. *Kaplick* [11] hinweist.

2.7. *Reduzierung der scheinbar linearen Gleichungen*

Der Rechenaufwand kann oft erheblich herabgesetzt werden, wenn nach dem ersten Durchrechnen des mathematischen Modelles eines Systems Kriterien für die Güte einer Regression ermittelt werden. Als Kriterien werden z. B. von *Kaplick* [10] angegeben:

a) Das Bestimmtheitsmaß B, das die Straffheit des Zusammenhanges zwischen der Ausgangsgröße y und den Eingangsgrößen x_i erfaßt und zwischen 0 und 1 liegen kann.
b) Das Bestimmtheitsmaß B^* als Abschätzung für die Straffheit des Zusammenhanges zwischen y und x_i in der Grundgesamtheit, der die Stichprobe entstammt.
c) Das innere Bestimmtheitsmaß B_{Ii}, das angibt, wie weit die Wirkung der i-ten Eingangsgröße durch die anderen Eingangsgrößen erfaßt werden kann.
d) Das einfache Bestimmtheitsmaß B_{ij}, das die Abhängigkeit zwischen den Eingangsgrößen x_i und x_j charakterisiert.
e) Die Rest-Standardabweichung s_R für die Genauigkeit, mit der die gemessenen y mit den berechneten y_{ber} übereinstimmen und die die Standardabweichung s der Versuchsergebnisse nicht wesentlich übersteigen soll.
f) Der Prüfwert t_i, der die statistische Sicherheit S für die Signifikanz der i-ten Eingangsgröße kennzeichnet. Bei $S = 95\%$ kann man bei z Einzelversuchen und n Eingangsgrößen für $z - n - 1 > 20$ mit guter Näherung $|t_i| = 2$ annehmen. Für genauere Betrachtungen muß $|t_i|$ mit den Tabellenwerten t verglichen werden.

In Tabelle 2 sind die Gütekriterien der Regression und die zu erfüllenden Forderungen zusammengestellt.

Tabelle 2. Gütekriterien der Regression

Kriterium	Zusammenhang zwischen		Forderung
B	y	$x_1, \ldots, x_i, \ldots, x_n$	$B \geqq 0{,}8$
B^*	B^* (Grundgesamtheit)	B (Stichprobe)	$B^* \geqq 0{,}8$
B_{Ii}	x_i	$x_1, \ldots, x_{i-1}, x_{i+1}, \ldots, x_n$	$B_{Ii} \geqq 0{,}8$
B_{ij}	x_i	x_j	$B_{ij} \geqq 0{,}8$
s_R	y	y_{ber}	$s_R \leqq 1{,}5s$
t_i	b_i	$S,\ z - n - 1$	$\lvert t_i \rvert \geqq 2$

3. *Statistische Versuchspläne*

Um den Versuchsaufwand so niedrig wie möglich zu halten, ist eine große Anzahl Verfahren der statistischen Versuchsplanung vorgeschlagen worden. Hier sollen lediglich die Faktorenpläne, die Orthogonalpläne und die lateinischen Quadrate kurz erwähnt werden. Alle diese Versuchspläne setzen voraus, daß vor Beginn der Versuchsreihe ganz bestimmte Kombinationen der Eingangsgrößen x_i festgelegt werden können, die Versuchsdurchführung möglich ist und eine Ausgangsgröße y erhalten wird. Die Versuchspläne versagen, wenn die Kombinationen nicht in der vorgeschriebenen Weise prüfbar sind.

3.1. *Vollständige Faktorenpläne k^n*

Ein vollständiger Faktorenplan k^n für n Eingangsgrößen und k Niveaus ermöglicht die gleichzeitige Untersuchung der Wirkungen aller Eingangsgrößen und aller möglichen Wechselwirkungen zwischen ihnen (vgl. z. B. *Cox* [6], *Linder* [15], *Schulz* [21], *Iyer* und *Garde* [9]). Werden bei jeder Kombination nur $l = 1$ Einzelversuche durchgeführt, so sind insgesamt $z = k^n$ Einzelversuche durchzuführen. Der Versuchsaufwand steigt sehr schnell mit n und k an, wie aus Tabelle 3 hervorgeht.

Tabelle 3. Werte für $z = k^n$

k \ n	2	3	4	5	6
2	4	8	16	32	64
3	9	27	81	243	729
4	16	64	256		
5	25	125	625		

Ein wichtiger Vorteil der vollständigen k^n-Pläne war es bisher, wegen der Symmetrie der Kombinationsanordnung zu einfachen Algorithmen bei der Auswertung zu führen. Durch wenige Berechnungen konnten so schon die p Unbekannten, also die Regressionskonstante b_0 und die Regressionskoeffizienten, erhalten werden. Die moderne Datenverarbeitung macht diesen Vorteil weitgehend hinfällig.

3.1.1. *Vollständige Faktorenpläne 2^n*

Am häufigsten werden die vollständigen Faktorenpläne 2^n verwendet. Transformiert man die n Eingangsgrößen so, daß sich für die jeweils beiden Niveaus k nur die Werte -1 und $+1$ ergeben, ist die Berechnung besonders einfach. Von *Yates* [23] wurde dafür ein Algorithmus angegeben, in dem zur Berechnung der Regressionskonstanten b_0 und der Regressionskoeffizienten zunächst nur Additionen und Subtraktionen der Ausgangsgrößen y erforderlich sind. Lediglich zum Schluß ist durch die Anzahl der Kombinationen zu dividieren. Anwendungsbeispiele für diesen Algorithmus geben *Linder* [15], *Iyer* und *Garde* [9] sowie *Liebscher* [13] an.

Wegen der Wechselwirkung zwischen den Eingangsgrößen erhält man trotz der $k = 2$ Niveaus keine lineare Regressionsgleichung, wie z. B. von *Meissner* und *Günther* [19] für den 2^2-Plan angegeben wurde, sondern eine unvollständige Gleichung höheren Grades. Für $n = 3$ Eingangsgrößen ergibt sich die als Gleichung (7)

$$y = b_0 + b_1 x_1 + b_2 x_2 + b_3 x_3 + b_{12} x_1 x_2 + b_{13} x_1 x_3 + b_{23} x_2 x_3 + b_{123} x_1 x_2 x_3 \tag{7}$$

Tabelle 4. Werte für p_w

k \ n	2	3	4	5	6
2	1	4	11	26	56
3	3	10	23	46	87
4	6	18	37	66	112
5	10	30	60		

aufgeführte unvollständige Regressionsgleichung dritten Grades, in der statt der $p = 20$ (Tabelle 1) nur $p_u = 8$ zu berechnende Unbekannte enthalten sind. Gegenüber den $p = 4$ Unbekannten der vollständigen linearen Regressionsgleichung sind $p_w = 4$ Wechselwirkungsglieder, also vier Regressionskoeffizienten, hinzugekommen. Für die praktisch interessierenden Werte von n und k ist die Anzahl der Wechselwirkungsglieder p_w in Tabelle 4 angegeben.

Von den Wechselwirkungen sind vorwiegend die zwischen zwei Einflußgrößen interessant. Wechselwirkungen höherer Ordnung sind meist ungesichert und außerdem schwierig zu interpretieren, worauf schon *Yates* [23], aber auch *Linder* [15], *Iyer* und *Garde* [9] sowie *Liebscher* [13] hinwiesen.

Beim Faktorenplan 2^n wird häufig auch noch der Mittelpunkt hinzugenommen, wie es z. B. *Meissner* und *Günther* [19] für den 2^2-Plan vorschlagen. Beim 2^3-Plan geht dieses Verfahren auf *Box* [3] zurück, der es mit EVOP-Methode (Evolutionary Operations) bezeichnete. *Liebscher* und *Klitzsch* [14] entwickelten dazu besondere Formulare zur Planung und Auswertung der Versuche.

3.1.2. *Vollständige Faktorenpläne 3^n*

Die 3^n-Pläne werden im allgemeinen seltener angewendet als die 2^n-Pläne. Wie aus Tabelle 3 hervorgeht, ist das vor allem auf das starke Ansteigen der Anzahl z der Kombinationen der n Eingangsgrößen zurückzuführen. Gegenüber den 2^n-Plänen haben sie andererseits den Vorteil, daß nicht nur etwas über den Anstieg der Funktion $y = f(x)$, sondern auch über die Anstiegsänderung ausgesagt wird. Wegen der drei Niveaus lassen sich vollständige quadratische Regressionsgleichungen ansetzen. Darüber hinaus erhält man zusätzlich Aussagen über die p_w Wechselwirkungen, deren Anzahl Tabelle 4 entnommen werden kann.

Ein Anwendungsbeispiel für einen 3^2-Plan gibt *Linder* [15] an. Den 3^3-Plan erläutern *Iyer* und *Garde* [9]. Dabei sind bereits 27 Kombinationen der drei Eingangsgrößen zu prüfen. Von *Moscovici* und *Buzulica* [20] wird eine Gummizusammensetzung mit dem 3^3-Plan optimiert.

3.1.3. *Vollständige Faktorenpläne $k_1 k_2 \ldots k_n$*

Nicht immer lassen sich die symmetrischen Faktorenpläne k^n anwenden. Es kann durchaus zweckmäßig sein, nicht alle n Eingangsgrößen mit einer gleichen Anzahl von k Niveaus zu prüfen. So beschreibt z. B. schon *Cox* [6] einen vollständigen Faktorenplan $4 \cdot 2 \cdot 2 \cdot 3$, bei dem vier verschiedene Flammfest-Behandlungen auf zwei verschiedenen Holzarten bei zwei verschiedenen Oberflächen nach drei verschiedenen Lagerdauern geprüft wurden. *Linder* [15] gibt Beispiele für einen $5 \cdot 3 \cdot 3$-Plan und einen $4 \cdot 2$-Plan. Der Grad der vollständigen Regressionsgleichung ist dabei für jede der n_i Eingangsgrößen unterschiedlich und beträgt jeweils $k_i - 1$, außerdem treten die unterschiedlichsten Wechselwirkungen auf.

3.2. *Unvollständige Faktorenpläne*

Durch systematisches Reduzieren der Kombinationen gelingt es mit einer geringeren Anzahl von Kombinationen eine genügend sichere Aussage machen zu können. Sehr häufig wird beim 2^4-Plan statt mit 16 nur mit 8 Kombinationen gearbeitet. Mit dieser Frage befaßten sich z. B. *Linder* [15], *Schulz* [21], sowie *Iyer* und *Garde* [9].

3.3. *Orthogonalpläne*

Die Orthogonalpläne $2^n + 2n + e$ gehen vom vollständigen Faktorenplan 2^n aus. Zusätzlich werden auf jeder der Achsen noch zwei weitere, also $2n$ Kombinationen im Abstand $\pm e \neq 1$ vom Zentrum vorgesehen, außerdem l Messungen im Zentrum des n-dimensionalen Würfels selbst. Die $k = 2$ Niveaus werden wieder auf -1 und $+1$ gelegt. Es entstehen so statt der 2 dann $k = 5$ Niveaus, wobei diejenigen im Abstand $\pm e$ jedoch nur mit je einer Kombination belegt sind.

Versuchspläne dieser Art gehen auf *Box* und *Wilson* [5] bzw. *Box* und *Hunter* [4] zurück (vgl. z. B. *Wirth* [22]). Aus mathematisch-statistischen Gründen wird $e = \sqrt[4]{2^n}$ gewählt, *De Baun* [2] sowie *Krug* [12] weichen jedoch von dieser Regel ab. Für $n > 4$ genügt es, statt der vollständigen Faktorenpläne 2^n die halben Pläne, also 2^{n-1}, in die Orthogonalpläne einzusetzen (Tabelle 5).

3.4. *Lateinische Quadrate*

Als lateinisches Quadrat bezeichnet man jede quadratische Tabelle aus k Elementen, und zwar meist aus Buchstaben des lateinischen Alphabetes, woraus die Bezeichnung dieser Quadrate folgt. Dabei ist vorgeschrieben, daß jedes Element in jeder Zeile und jeder Spalte nur einmal vorkommt. Im Prinzip handelt es sich also um einen vollständigen Faktorenplan k^2 für $n = 2$ Eingangsgrößen auf k Niveaus, dem eine Serie von K qualitativen Merkmalen $A, B, \ldots, K$ so überlagert sind, daß jeder Buchstabe in jeder Zeile und jeder Spalte nur einmal vorkommt.

Die Anwendung der lateinischen Quadrate ist nur für grobe Untersuchungen, insbesondere Voruntersuchungen, geeignet. Sie ermöglicht ein Aussondern der wirksamsten Kombinationen derjenigen Faktoren, die eine genauere Untersuchung erfordern. Ein Mangel der

Tabelle 5. Orthogonalpläne $2^n + 2n + l$

n	l	$z = 2^n + 2n + l$	$\sqrt[4]{2^n}$	e	Verfasser
2	1	9	1,41	1,41	*Wirth*
3	0	14	1,682	1	*De Baun*
3	1	15	1,682	1,215	*Krug*
3	6	20	1,682	1,682	*Iyer/Garde*
4	7	31	2	2	*Iyer/Garde*

n	l	$z = 2^{n-1} + 2n + l$	$\sqrt[4]{2^{n-1}}$	e	Verfasser
5	6	32	2	2	*Iyer/Garde*
6	9	53	2,378	2,378	*Iyer/Garde*

lateinischen Quadrate ist, das bestimmte Wechselwirkungen nicht berücksichtigt werden.

Dem lateinischen Quadrat kann man eine weitere Gruppe von $\varkappa$ Elementen $\alpha, \beta, \ldots, \varkappa$ so überlagern, daß jeder der griechischen Buchstaben in jeder Zeile und jeder Spalte nur einmal vorkommt. Eine weitere Bedingung ist, daß jeder lateinische Buchstabe nur einmal mit jedem griechischen Buchstaben zusammentrifft und umgekehrt. Anordnungen dieser Art werden griechisch-lateinische Quadrate genannt. Durch Hinzunahme weiterer Alphabete erhält man griechisch-lateinische Quadrate höherer Ordnung. Alle sind als besonders ökonomisch für Voruntersuchungen anzusehen.

Behält man die k Spalten bei, reduziert aber die Zeilenzahl auf j, so erhält man eine rechteckige Tabelle, die als lateinisches Rechteck bezeichnet wird.

Geht man vom vollständigen Faktorenplan k^3 aus, so ergibt sich unter den oben geschilderten Bedingungen ein lateinischer oder griechisch-lateinischer Würfel. Hierbei werden also $n = 3$ quantitative Eingangsgrößen mit einer oder mehreren Serien von K qualitativen Merkmalen in Beziehung gebracht.

Falls die Anzahl der Eingangsgrößen $n > 3$ wird, erhält man die entsprechenden Hyperwürfel.

Mit den lateinischen Quadraten und ihrer Ableitungen hat sich in neuerer Zeit z. B. *Markova* [17, 18] beschäftigt und auch eine Übersicht über die Literatur dieses Gebietes gegeben.

4. Eigene Untersuchungen

Unsere eigenen Untersuchungen zur statistischen Versuchsplanung gingen von den Notwendigkeiten der dynamischen Zugprüfung aus. Dabei sind für die Eingangsgrößen Mitteldehnung ε_m, Wechseldehnung ε_a und Lastwechselzahl *LW* eine ganze Reihe von Ausgangsgrößen zu ermitteln. Ziel unserer Untersuchungen war es, mit möglichst wenigen Kombinationen der drei Eingangsgrößen eine möglichst gute Beschreibung der Materialeigenschaften als Ausgangsgrößen zu erreichen. Wir gingen dabei von einem vollständigen Faktorenplan 5^3 aus. In Tabelle 6 sind die Mittelwerte aus jeweils fünf gemessenen Einzelwerten für den Wirkspannungs-Nenndehnungs-Amplitudenmodul $M_{WN\,Amp}$ als Beispiel für eine Ausgangsgröße angegeben. Es zeigte sich dabei, daß eine Reihe von Kombinationen nicht prüfbar war, so daß die bekannten Algorithmen nicht verwendet werden konnten. Weiter mußten wir damit rechnen, daß sich bei unterschiedlichen Materialien immer wieder andere Kombinationen als nicht prüfbar erweisen. Auf Grund des Verlaufes der Funktionen $y = f(x_i)$ transformierten wir zunächst die x_i so, daß eine Regressionsgleichung möglichst niedrigen Grades den Zusammenhang gut beschreibt. Anstelle der Lastwechselzahl wählten wir z. B. einen bestimmten logarithmischen Zusammenhang. So gelang es uns, mit einer vollständigen quadratischen Regressionsgleichung eine sehr gute Annäherung zwischen den berechneten und den gemessenen Werten zu erzielen. In Tabelle 7 sind die berechneten Werte für einen 6^3-Würfel ausgedruckt. Einen Würfel noch höherer Basis, z. B. 10^3, zu verwenden ist unzweckmäßig, weil die Regressionsgleichung nur im geprüften Arbeitsbereich gültig ist.

Tabelle 6. Mittelwerte des Wirkspannungs-Nenndehnungs-Amplitudenmoduls $M_{WN\,Amp}$ in kp/mm² (Meßwerte)

Wechseldehnung ε_a in %	Lastwechselzahl LW	Mitteldehnung ε_m in %				
		6	8	10	12	14
±1,25	25	502	588	698	749	814
	100	—	—	681	726	808
	1 000	—	—	—	726	819
	10 000	—	—	—	—	—
	100 000	—	—	—	—	—
± 1,00	25	592	677	749	849	928
	100	586	670	756	861	941
	1 000	—	669	771	902	—
	10 000	—	—	—	925	—
	100 000	—	—	—	—	—
± 0,75	25	665	769	850	942	1 017
	100	665	778	874	974	1 047
	1 000	665	799	912	1 019	1 090
	10 000	—	807	943	1 062	1 143
	100 000	—	—	960	1 106	1 178
± 0,50	25	775	868	948	1 041	1 132
	100	795	899	982	1 078	1 174
	1 000	824	936	1 024	1 128	1 221
	10 000	830	958	1 052	1 165	1 259
	100 000	832	970	1 068	1 186	1 293
± 0,25	25	830	982	1 007	1 111	1 185
	100	870	1 010	1 049	1 159	1 223
	1 000	920	1 060	1 091	1 194	1 279
	10 000	933	1 088	1 108	1 212	1 309
	100 000	938	1 081	1 129	1 238	1 318

Tabelle 7. Berechnete Werte des Wirkspannungs-Nenndehnungs-Amplitudenmoduls $M_{WN\,Amp}$ in kp/mm² (Funktionswerte)

Wechseldehnung ε_a in %	Lastwechselzahl LW	Mitteldehnung ε_m in %					
		0	4	8	12	16	20
± 1,25	1	141	352	536	693	822	925
	10	130	354	551	721	864	980
	100	115	352	562	745	901	1 030
	1 000	95	346	569	765	935	1 077
	10 000	71	335	572	781	964	1 119
	100 000	44	321	570	793	988	1 157
± 1,00	1	255	464	645	800	928	1 028
	10	251	473	667	835	976	1 089
	100	242	477	685	866	1 020	1 147
	1 000	230	478	699	893	1 060	1 200
	10 000	213	474	708	916	1 096	1 249
	100 000	192	466	714	934	1 127	1 294
± 0,75	1	356	562	742	894	1 019	1 117
	10	358	578	770	936	1 074	1 186
	100	356	589	795	974	1 125	1 250
	1 000	350	596	815	1 007	1 172	1 310
	10 000	340	600	832	1 037	1 214	1 365
	100 000	326	598	844	1 062	1 253	1 417
± 0,50	1	443	647	824	974	1 097	1 193
	10	452	669	859	1 023	1 159	1 268
	100	457	687	891	1 067	1 217	1 339
	1 000	458	701	918	1 108	1 270	1 405
	10 000	454	711	931	1 144	1 319	1 468
	100 000	447	717	960	1 176	1 365	1 526
± 0,25	1	516	718	893	1 040	1 161	1 255
	10	532	747	935	1 096	1 230	1 337
	100	543	772	973	1 147	1 294	1 414
	1 000	551	793	1 007	1 194	1 355	1 488
	10 000	554	809	1 037	1 237	1 410	1 557
	100 000	554	822	1 062	1 276	1 463	1 622
± 0	1	575	775	948	1 093	1 211	1 303
	10	598	811	997	1 155	1 287	1 392
	100	616	843	1 042	1 213	1 358	1 476
	1 000	631	870	1 082	1 267	1 425	1 556
	10 000	641	893	1 119	1 317	1 488	1 632
	100 000	647	913	1 151	1 363	1 547	1 704

Tabelle 8. Relative Abweichungen der Funktionswerte von den Meßwerten für den Wirkspannungs-Nenndehnungs-Amplitudenmodul $M_{\text{WN Amp}}$ in Prozent des Meßwertes

Wechsel-dehnung ε_a in %	Last-wechsel-zahl LW	Mitteldehnung ε_m in %				
		6	8	10	12	14
± 1,25	25	−8,71	−5,44	−7,30	−2,37	−0,52
	100	—	—	−3,50	2,66	2,32
	1000	—	—	—	5,42	4,20
	10000	—	—	—	—	—
	100000	—	—	—	—	—
± 1,00	25	−2,27	−0,26	2,15	−0,09	−0,37
	100	−0,20	2,30	3,08	0,62	0,60
	1000	—	4,49	3,70	−0,98	—
	10000	—	—	—	−1,00	—
	100000	—	—	—	—	—
± 0,75	25	3,04	1,52	2,29	1,00	0,95
	100	4,59	2,19	1,57	−0,03	0,56
	1000	6,67	2,05	0,30	−1,16	0,27
	10000	—	3,05	−0,58	−2,39	−1,23
	100000	—	—	−0,40	−3,99	−1,46
± 0,50	25	0,40	0,52	1,28	0	−1,49
	100	−0,31	−0,90	0,05	−0,99	−2,44
	1000	−1,32	−1,92	−0,76	−1,81	−2,35
	10000	−0,06	−1,77	−0,59	−1,82	−1,91
	100000	1,18	−1,04	0,30	−0,86	−1,50
± 0,25	25	3,30	−3,19	3,00	0,53	0,41
	100	0,67	−3,65	1,39	−1,01	0,10
	1000	−1,82	−5,00	1,20	0,03	−0,09
	10000	−0,71	−4,71	2,93	2,09	1,40
	100000	0,79	−1,72	2,92	3,07	4,15

Extrapolationen darüber hinaus sind stets mit der Gefahr einer falschen Aussage verbunden. Die in Tabelle 8 angegebenen relativen Abweichungen sind gering, weisen keinen systematischen Trend auf und zeigen damit die Brauchbarkeit der gewählten Regressionsgleichung zweiten Grades. Als Beispiel für die Güte der Übereinstimmung zwischen berechneten und gemessenen Werten ist in Bild 2 der Amplitudenmodul für eine konstante Mitteldehnung als Funktion der Wechseldehnung und der Lastwechselzahl dargestellt.

Bei der Ausarbeitung des Rechenprogrammes mußten wir auf die begrenzte Speicherkapazität des uns zur Verfügung stehenden Kleinrechners Cellatron SER 2d Rücksicht nehmen. Das Programm wurde daher so aufgebaut, daß außer den Anfangswerten, der Schrittweite

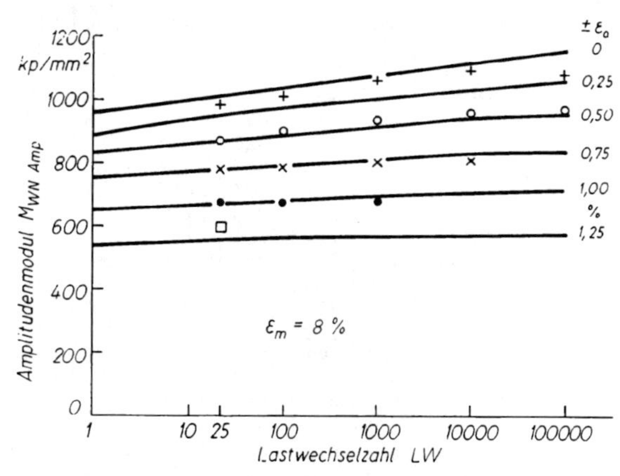

Bild 2. Amplitudenmodul $M_{WN\,\text{Amp}}$ für Viskosecord bei 8% Mitteldehnung als Funktion der Wechseldehnung und der Lastwechselzahl

Tabelle 9. Eingegebene Funktionswerte x_1, x_2, x_3, y und für die vollständige quadratische Regressionsgleichung berechnete Regressionskonstante und neun Regressionskoeffizienten

240				
0,7500	1,3050	1,2040	569,000	
0,7500	1,3900	1,2040	865,000	
0,7500	1,3050	1,2020	1280,000	
0,7500	1,4000	1,1980	704,000	
0,7500	1,3200	1,2040	617,000	
0,7500	1,4000	1,2000	636,000	
1,2500	1,3000	1,1960	512,000	
1,2500	1,3950	1,1980	744,000	
0,7500	1,3200	1,2060	1182,000	
0,7500	1,4050	1,2020	536,000	
1,2500	1,3100	1,2000	594,000	
1,2500	1,4000	1,2000	1112,000	
1,2500	1,3050	1,2040	454,000	
1,2500	1,4050	1,1950	687,000	
1,2500	1,3000	1,2020	564,000	
1,2500	1,3950	1,2040	1102,000	
0,7500	1,3050	1,3020	304,000	
0,7500	1,4050	1,3020	639,000	
0,7500	1,3000	1,2980	491,000	
0,7500	1,3950	1,3000	569,000	
0,7500	1,3000	1,3040	526,000	
0,7500	1,3850	1,2980	853,000	
1,2500	1,2900	1,2980	1199,000	
1,2500	1,3750	1,2960	818,000	
0,7500	1,2950	1,3040	766,000	
0,7500	1,3800	1,3020	1003,000	
1,2500	1,2950	1,3040	913,000	
1,2500	1,3900	1,3080	1228,000	
1,2500	1,3000	1,2960	276,000	
1,2500	1,3800	1,2960	613,000	
1,2500	1,3050	1,3040	887,000	
0,2500	1,3800	1,3000	569,000	
1,0000	1,3400	1,2470	1175,000	
1,0000	1,3400	1,2520	1220,000	
113,3−	9322,7	3785,5−	2342,0−	3940,8
0,9	3229,3	7266,9−	1187,8−	833,3−

und der Anzahl der einzelnen Versuchsparameter x_i nur die k^3-Mittelwerte der Zielgröße y in einer vorgegebenen schematischen Anordnung über ein Lochband eingegeben werden müssen, wobei die Fehlstellen extra bezeichnet werden. Als Ergebnis erhielten wir die Regressionskonstante b_0 und 9 Regressionskoeffizienten ausgedruckt und als Lochband ausgegeben. Mit einem weiteren Programm wurden wiederum Lage, Anzahl und Abstand der k_i Niveaus und das Koeffizienten-Lochband vorgegeben und die Ausgangsgröße y in der in Tabelle 7 angegebenen Anordnung ausgedruckt. Ein drittes Programm und das vorgelegte Mittelwert-Lochband ergaben schließlich den Ausdruck und eine Lochbandausgabe der absoluten oder der relativen Abweichungen (Tabelle 8).

Auf eine Berechnung der Bestimmtheitsmaße und weiterer Testgrößen für die Regressionskoeffizienten mußten wir zunächst wegen der begrenzten Maschinenkapazität verzichten. Da es uns vorwiegend auf das Gewinnen einer Beschreibungsfunktion ankam, ist ein Verkürzen der Regressionsgleichung durch Weglassen einzelner Glieder für uns auch von untergeordneter Bedeutung.

Das beschriebene Rechenverfahren ist nur dann ökonomisch anwendbar, wenn möglichst viele der k^3 Ausgangsgrößen vorhanden sind. Liegen nur wenige Kombinationen vor oder ist eine systematische, gleichabständige Anordnung der k_1 Niveaus nicht möglich,

Tabelle 10. Um die berechneten y-Werte und die absoluten und relativen Abweichungen ergänzter Ausdruck, entsprechend Tabelle 9

240						
113,3000—	9322,7000	3785,5000—		2342,0000—	3940,8000	
0,9000	3229,3000	7266,9000—		1187,8000—	833,3000—	
0,7500	1,3050	1,2040	569,0000	732,2415	163,2415	28,68
0,7500	1,3900	1,2040	865,0000	720,0913	144,9087—	16,75—
0,7500	1,3050	1,2020	1280,0000	732,5056	547,4944—	42,76—
0,7500	1,4000	1,1980	704,0000	716,4649	12,4649	1,77
0,7500	1,3200	1,2040	617,0000	731,3446	114,3446	18,52
0,7500	1,4000	1,2000	636,0000	716,8277	80,8277	12,71
1,2500	1,3000	1,1960	512,0000	690,0751	178,0751	34,78
1,2500	1,3950	1,1980	744,0000	861,5675	117,5675	15,80
0,7500	1,3200	1,2060	1182,0000	731,1709	450,8291—	38,14—
0,7500	1,4050	1,2020	536,0000	715,7836	179,7836	33,53
1,2500	1,3100	1,2000	594,0000	708,6727	114,6727	19,30
1,2500	1,4000	1,2000	1112,0000	830,3777	241,6223—	21,72—
1,2500	1,3050	1,2040	454,0000	698,6053	244,6053	53,86
1,2500	1,4050	1,1950	687,0000	877,7945	190,7945	27,76
1,2500	1,3000	1,2020	564,0000	689,2290	125,2290	22,20
1,2500	1,3950	1,2040	1102,0000	862,5149	239,4581—	21,72—
0,7500	1,3050	1,3020	304,0000	711,1384	407,1384	133,91
0,7500	1,4050	1,3020	639,0000	726,7095	87,7095	13,72
0,7500	1,3000	1,2980	491,0000	710,9755	219,9755	44,79
0,7500	1,3950	1,3000	569,0000	726,2308	157,2308	27,63
0,7500	1,3000	1,3040	526,0000	709,1066	183,1066	34,81
0,7500	1,3850	1,2980	853,0000	725,6370	127,3630—	14,93—
1,2500	1,2900	1,2980	1199,0000	644,9723	554,0277—	46,21—
1,2500	1,3750	1,2960	818,0000	829,2614	11,2614	1,38
0,7500	1,2950	1,3040	766,0000	707,6127	58,3873—	7,62—
0,7500	1,3800	1,3020	1003,0000	725,0439	277,9561—	27,71—
1,2500	1,2950	1,3040	913,0000	654,3175	258,6825—	28,33—
1,2500	1,3900	1,3080	1228,0000	859,6177	368,3823—	29,99—
1,2500	1,3000	1,2960	276,0000	668,1383	392,1383	142,07
1,2500	1,3800	1,2960	613,0000	839,5279	226,5279	36,95
1,2500	1,3050	1,3040	887,0000	676,9498	210,0502—	23,67—
1,2500	1,3800	1,3000	569,0000	839,3371	270,3371	47,50
1,0000	1,3400	1,2470	1175,0000	1198,7433	23,7433	2,02
1,0000	1,3400	1,2520	1220,0000	1198,2620	21,7380—	1,78—

erweist sich das Verfahren als zu umständlich und zeitaufwendig. Für diesen Fall haben wir ein weiteres Rechenprogramm erstellt, bei dem jede beliebige Kombination eingegeben werden kann. Es ist allerdings erforderlich, für jede der Kombinationen nacheinander die drei Eingangsgrößen x_1, x_2 und x_3 sowie die Ausgangsgröße y einzugeben. Tabelle 9 zeigt den Ausdruck dieser Eingabe. Die letzten beiden Zeilen stellen die Regressionskonstante b_0 und die 9 Regressionskoeffizienten dar. Da es sich bei den Eingangsgrößen auch hier um transformierte Größen handelt, ist als Gleichung (8) noch einmal die vollständige Regressionsgleichung angegeben:

$$y = -113{,}3 + 9322{,}7\,\frac{x_1}{20} - 3785{,}5\,\frac{x_2}{2} - 2342{,}0\,\frac{x_3}{200} + 3940{,}8\,\frac{x_1}{20}\cdot\frac{x_2}{20} + 0{,}9\,\frac{x_1}{20}\cdot\frac{x_3}{200} + 3229{,}3\,\frac{x_2}{2}\cdot\frac{x_3}{200} - 7266{,}9\left(\frac{x_1}{20}\right)^2 - 1187{,}8\left(\frac{x_2}{2}\right)^2 - 833{,}3\left(\frac{x_3}{200}\right)^2. \quad (8)$$

Auch bei diesen Rechenverfahren haben wir wieder mit einem weiteren Programm die absoluten und relativen Abweichungen berechnet. In Tabelle 10 stellen die oberen beiden Zeilen die Regressionskonstante b_0 und die 9 Regressionskoeffizienten dar. Die linken vier Spalten bedeuten die x_1, x_2, x_3 und y. In der fünften und sechsten Spalte sind die absoluten und relativen Abweichungen angegeben. Eine bessere Übersicht über die Güte der Annäherung der Meßwerte an die hier ebenfalls mit Hilfe einer vollständigen quadratischen Regressionsgleichung ermittelten berechneten Werte vermittelt Tabelle 11. In Form eines unvollständigen Faktorenplanes $3 \cdot 3 \cdot 6$ sind die relativen Abweichungen eingetragen. In jeder der acht Ecken dieses $3 \cdot 3 \cdot 6$-Quaders lassen sich vier, im Mittelpunkt zwei relative Abweichungen zusammenfassen, die teils positiv, teils negativ sind. Die gewählte quadratische Regressionsgleichung beschreibt also auch hierbei den Zusammenhang zwischen den Eingangs- und den Ausgangsgrößen recht gut. Es zeigt sich aber an den sehr großen Werten der Abweichungen, daß entweder in dem untersuchten Material oder in dem Meßverfahren noch zu große Streuungen vorhanden sind.

Die drei Eingangsgrößen x_1, x_2 und x_3 sind ohne weiteres in einer würfelförmigen Anordnung vorstellbar. Nimmt man die Ausgangsgröße y als vierte Dimension hinzu, erhält man einen Hyperwürfel, der nicht mehr vorstellbar ist. Um eine Vorstellung vom Verlauf des räumlichen Zusammenhanges zwischen den Eingangsgrößen und der Ausgangsgröße zu erhalten, haben wir für jeweils konstante y und konstante x_3 mit Hilfe eines weiteren Programmes Niveaulinien berechnet. In Bild 3 sind aus dem letzten Beispiel die Niveaulinien für

Tabelle 11. Systematisch angeordnete relative Abweichungen aus Tabelle 10

x_3 ↓	x_2 ↓	x_1 → 0,75	1,00	1,25
1,20	1,30	29, −43		34, 53, 22, 19
	1,32	19, −38		
	1,34			
	1,36			
	1,38			15, −21, 27, −21
	1,40	−17, 2, 13, 33		
1,25	1,30			
	1,32			
	1,34		2, −2,	
	1,36			
	1,38			
	1,40			
1,30	1,30	134, 45, 35, −8		−46, 142, −24, −28
	1,32			
	1,34			
	1,36			
	1,38	−28, −15		1, 37, 48, −30
	1,40	14, 28		

$y = 0, 200, \ldots, 1400$ und für die rücktransformierte Eingangsgröße $x_3 = 280$ über den ebenfalls rücktransformierten Eingangsgrößen x_1 und x_2 dargestellt. Das gestrichelt eingezeichnete Rechteck grenzt den Arbeitsbereich ab. Die darüber hinausgehenden Niveaulinien sollen lediglich einer verbesserten Vorstellung dienen. Es zeigt sich, daß die Niveaulinien Teile von Ellipsen sind. Das in diesem Fall angestrebte Minimum liegt also bei niedrigen x_2-Werten. Ob für x_1 hohe oder niedrige Werte zu wählen sind, muß von anderen Entscheidungskriterien abhängig gemacht werden. In welcher Weise x_3 das Minimum beeinflußt, kann aus diesem Bild nicht ersehen werden. Dazu sind zusätzliche Darstellungen für andere x_3-Werte erforderlich.

Außer Ellipsen können auch Hyperbeln als Niveaulinien vorkommen. Ein Beispiel dafür zeigt Bild 4. Es stellt eine Sattelfläche dar. Für Schnitte mit konstantem x_2 zeigt $y = f(x_1)$ Maxima, für Schnitte mit konstanten x_1 dagegen $y = f(x_2)$ Minima.

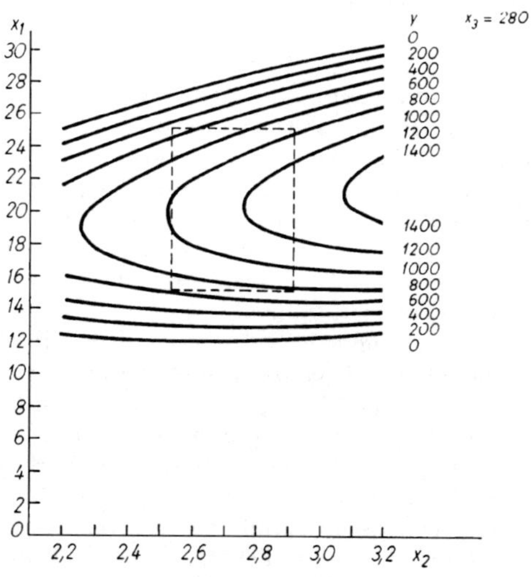

Bild 3. Niveaulinien konstanter y-Werte für die Regressionsgleichung (8)

5. *Danksagung*

Für die Unterstützung bei der Durchführung der Arbeiten sagen wir allen unseren Mitarbeitern Dank. Insbesondere danken wir den Kolleginnen *Fankhänel*, *Richter* und *Schlender*.

Literatur

[1] *Bauer, A.*, und *Winkler, F.*: Ökonomische Betrachtungen zur dynamischen Zugprüfung. Teil 1: Untersuchungen zur Verminderung der Anzahl Meßpunkte bei der Bestimmung des Moduls. Dt. Textiltechnik **20** (1970) 4, S. 241−247.

[2] *De Baun, R. M.*: Response surface designs for 3 factors at three levels. Technometrics **1** (1959) 1, S. 1−8.

[3] *Box, G. E. P.*: Evolutionary operation: A method for increasing industrial productivity. Appl. Statistics **6** (1957) 3, S. 81−85.

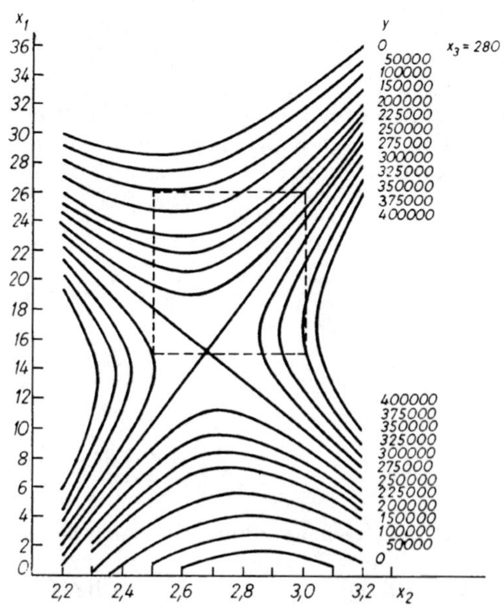

Bild 4. Eine Sattelfläche bildende hyperbolische Niveaulinien

[4] *Box, G. E. P.*, und *Hunter, J. C.*: Multifactor experimental designs. Ann. Math. Statist. **28** (1957) S. 195.
[5] *Box, G. E. P.*, und *Wilson, K. B.*: On the experimental attainment of optimum conditions. J. Roy. Statistic Soc. **B 13** (1951) 1, S. 1.
[6] *Cox, D. R.*: Planning of Experiments. New York: John Wiley & Sons, Inc.; London: Chapman & Hall, Limited 1958.
[7] *Garde, A.*, und *Rottmayr, H.*: Über die Fadenspannungsverhältnisse an der Baumwoll-Ringspinnmaschine. Melliand Textilber. **49** (1968) 8, S. 879—885.
[8] *Ivachnenkov, A. G.*: Lösung von Interpolationsproblemen der Technischen Kybernetik nach der Methode der gruppenweisen Argumentsberechnung. Messen, Steuern, Regeln **13** (1970) 4, S. 134—138.
[9] *Iyer, C.*, und *Garde, A.*: Planen und Auswerten von Versuchen mit mehreren Faktoren. Textil-Praxis **23** (1968) 10, S. 657—663; 11, S. 746—748; **24** (1969) 1, S. 22—27.
[10] *Kaplick, K.*: Prozeßuntersuchung durch Regressionsanalyse. Teil I: Allgemeines zur Regressionsanalyse. Chem. Technik **19** (1967) 8, S. 466—470.
[11] *Kaplick, K.*: Prozeßuntersuchung durch Regressionsanalyse. Teil II: Untersuchung eines Reaktorprozesses. Chem. Technik **19** (1967) 9, S. 538—542.
[12] *Krug, G. K.*: Optimierung von Regelkreisen mit Hilfe von Versuchsplanungsmethoden. Messen, Steuern, Regeln **13** (1970) 1, S. 30—34.
[13] *Liebscher, U.*: Zur Anwendung des Versuchsplanes 2^3. Techn. Textilien **12** (1969) 5, S. 118—120; 6, S. 149—150.
[14] *Liebscher, U.*, und *Klitzsch, H.*: Klebereparatur von Textilien und Optimierung der Verklebungsparameter mit der EVOP-Methode. Spinner, Weber, Textilveredlung **87** (1969) 6, S. 525—534; 7, 628—630.
[15] *Linder, A.*: Planen und Auswerten von Versuchen. Basel und Stuttgart: Birkhäuser Verlag 1959.
[16] *Lisenkov, A. N.*: Zur Verwendung einiger Pläne zweiter Ordnung. Zavodsk. Labor., Moskva (Betriebslabor) **15** (1969) 1, S. 66—74.
[17] *Markova, E. V.*: Lateinische Quadrate bei der Versuchsplanung. Zavodsk. Labor., Moskva (Betriebslabor) **34** (1968) 1, S. 60—65.
[18] *Markova, E. V.*: Lateinische Rechtecke und Würfel bei der Versuchsplanung. Zavodsk. Labor., Moskva (Betriebslabor) **34** (1968) 7, S. 832—837.
[19] *Meissner, H.*, und *Günther, S.*: Auffinden von Bedingungen für eine optimale Kugelmühlenbeschickung. Plaste u. Kautschuk **16** (1969) 6, S. 454—457.
[20] *Moscovici, H.*, und *Buzulica, I. D.*: Optimalgestaltung einer Gummizusammensetzung mit drei veränderlichen Zusätzen auf Grund der Methode der Regressionsanalyse I. Materiale plast., Bucureşti **5** (1968) 5, S. 255—257.
[21] *Schulz, W.*: Versuchsplanung im Textilbetrieb. Beobachtungen und Anregungen. Materialprüfung **6** (1964) 11, S. 399—407.
[22] *Wirth, H.*: Ermittlung optimaler Prozeßparameter einer chemischen Reaktion unter Beachtung vorgegebener Qualitätsforderungen bezüglich des erwünschten Produktes. Chem. Technik **19** (1967) 9, S. 550—553.
[23] *Yates, F.*: Design and Analysis of Factorial Experiments. Harpenden, England: Imperial Bureau of Soil Science, Techn. Comm. No. 35, 1837.
[24] *Zuravlev, J. V.*, und *Majboroda, B. V.*: Gleichung für die Beziehung zwischen der Viskosität der Viskose, den Zellstoffkennwerten und den Prozeßparametern. Chim. Volokna (Chem. Fasern) (1968) 5, S. 34—36; dt. in: Sowj. Beitr. Faserforsch. Textiltechnik **6** (1969) 2, S. 76—79.

Eingegangen am 18. November 1970

Neue Bücher

An Introduction to Ion Exchange. Von *Russel Paterson.* London und Philadelphia 1970: Heyden & Son/Sadtler Research Laboratories. VII, 109 S. Brosch. £ 2/10/0.

Ionenaustauschvorgänge werden industriell in erheblichem Umfange genutzt und sind darüber hinaus Gegenstand intensiver Forschungsaktivitäten. Vor allem ist hier das Gebiet der Ionenaustauschmembranen zu nennen, das erhebliches Interesse in der Biologie und Medizin beansprucht.

Es ist das Anliegen dieses Buches, auf knappem Raum eine Einführung in die physikochemischen Grundlagen des Ionenaustausches auf modernster Grundlage zu geben.

Ein kurzes Einführungskapitel führt wichtige Grundbegriffe ein. Die folgenden Kapitel behandeln: Ionenaustauschertypen, Gleichgewichtsstudien, Kinetik des Ionenaustausches, Austauschermembranen, Kolonnentechnik und Chromatographie sowie anorganische Ionenaustauscher. Ein Anhang über die thermodynamische Behandlung von Ionenaustauschgleichgewichten schließt das Buch ab. Hinweise auf die Originalliteratur und umfangreichere Werke am Ende jedes Kapitels sollen der Stoffvertiefung dienen.

Das Buch wendet sich in erster Linie an einen angloamerikanischen Leserkreis, was aber Nichtangloamerikaner durchaus nicht davon abhalten sollte, es zu lesen. Es ist didaktisch geschickt aufgebaut, klar und verständlich geschrieben. Durch instruktive Abbildungen und Tabellen aufgelockert, bietet es auf rund 100 Seiten eine Fülle von Informationen. Es kann jedem, der in dieses Gebiet „einsteigen" möchte, als Einführungstext bestens empfohlen werden. *H. Herma*

Untersuchung von Bettwäsche aus Baumwolle und Polynosic-Fasern im Mischverhältnis 50 : 50 auf Verhalten beim Waschen und Trocknen. Von *Oswald Viertel* und *Oskar Oldenroth.* Forschungsberichte des Landes Nordrhein-Westfalen. Nr. 2088. Köln und Opladen: Westdeutscher Verlag 1970. 19 S., kart. DM 10,40.

Die Autoren stellten sich die Aufgabe, eine Qualitätsbeurteilung von Wäschestoffen aus Baumwolle/Polynosic 50 : 50 durchzuführen, um so die Angaben der Chemiefaserhersteller kontrollieren zu können. Untersucht wurden sieben verschiedene Gewebe, davon sechs mit Hochveredlung, nach wiederholtem Waschen und Trocknen. Sie zeigten eine geringe Wasseraufnahme und damit schnelles Trocknen, gute Maßbeständigkeit, Reißfestigkeit, Knitterbeständigkeit nach 60 °C-Wäschen, Weichheit des Griffes und bleibenden Glanz (außer Kalandereffekten), rasche Fleckauswaschbarkeit und Farbbeständigkeit. Das einzige nichthochveredelte Material (Bibertuch) zeigte nach dem Waschen Pillingbildung und Verhärtung des Griffes.

Die Schrift dürfte dazu beitragen, manche Vorurteile des Baumwollverarbeiters gegenüber den Modalfasern abzubauen. *H.-J. Flath*

1968 *Book of ASTM Standards. Part 28. Rubber; Carbon Black; Gaskets.* Ausgabe April 1968. Herausgegeben von der American Society for Testing and Materials. 1916 Race St., Philadelphia, Pa. 19103. Baltimore (USA): American Society for Testing and Materials. März 1968. XXVI, 1202 S. Lwd. $ 22,00.

Obwohl der Band 28 mit 179 Standards 8 weniger als der Band 15 enthält, liegt seine Seitenzahl um ein Drittel höher, die einzelnen Standards sind also umfangreicher. Gegenüber der dem Rezensenten vorliegenden Ausgabe 1965 sind 89 Standards unverändert geblieben. Auf sie soll nicht gesondert eingegangen werden. Als überarbeitete Ausgaben enthält er 71 Standards. Völlig neu wurden 17 Standards aufgenommen. Ein weiterer neu aufgenommener Standard ersetzt zwei frühere. Fünf ältere Standards sind in andere Bände übernommen oder zurückgezogen worden.

Die überarbeiteten Standards behandeln die Probenvorbereitungen für die physikalische Prüfung (D 15), die Güte von Isolierband (D 69, D 119) und von Gummiisolierhandschuhen (D 120), die Bestimmung der elektrischen Verlustcharakteristiken (D 150), die Bestimmung des Gleichstromwiderstandes (D 257), die Güte gummierter Feuerwehrschläuche (D 296), die chemische Analyse von Gummierzeugnissen (D 297), die Prüfung von Gummischläuchen (D 380), die Bestimmung der nichtelastischen Zusammendrückbarkeit (D 395) und der Zugfestigkeit (D 412), die Prüfung von thermoplastischen Isoliermaterialien (D 470), die Bestimmung der Eigenschaftsänderungen nach Lagern in Flüssigkeiten (D 471), die beschleunigte Alterung mit Sauerstoff (D 572) oder im Ofen (D 573) und die Druck-Verformungs-Eigenschaften (D 575), die Prüfung von Luftdruck- und Vakuum-Bremsschläuchen (D 622), die Bestimmung der Kompressionsermüdung (D 623) und der Wetterbeständigkeit mit Geräten (D 750), die Prüfung von beschichteten Geweben (D 751), die Bestimmung der Wasserstoff-Durchlässigkeit (D 815), der Kontaktverfärbungen (D 925) und der Plastizität (D 926), die Güte von PVC-Isoliermischungen (D 1047), die Bestimmung der Tieftemperatur-Torsionssteifigkeit (D 1053) und der Rückprallelastizität (D 1054), die Güte von Schaumgummierzeugnissen (D 1056) und Naturkautschuklatex (D 1076), die Bestimmung der Wetterbeständigkeit (D 1171), die Güte von Wasser für die chemische Analyse (D 1193), die Prüfung von Bremsbelägen und anderen Reibungsmaterialien (D 1205), die chemische Analyse von Naturgummi (D 1278), die Güte von Gummi-Dichtungsscheiben (D 1330), von mit Polyäthylen isolierten Drähten und Kabeln (D 1351) und von ozonbeständigem Gummi-Isolierband (D 1373), die Prüfung von Gummi-O-Ringen (D 1414), die Bestimmung der Härte (D 1415), die chemische Analyse synthetischer Elastomerer (D 1416), die Prüfung von Styrol-Butadien-Latex (D 1417), die Nomenklatur für synthetische Elastomere (D 1418), die Zwischenlabor-Vergleichsversuche (D 1421), die Bestimmung der Jodsorptionszahl (D 1510) und des Schmelzbereiches von Gummichemikalien (D 1519), die Güte weicher PVC- oder Copolymer-Schaumstoffe (D 1565), Begriffe für Gummi und gummiähnliche Materialien (D 1566), die Bestimmung der Verfärbung von Benzol durch Ruß (D 1618), die Prüfung der Rohstoffe für Urethan-Schaumstoffe (D 1638), die Bestimmung der Viskosität mit dem Scherscheibenviskosimeter (D 1646), die Hochenergiebestrahlung von Polymermaterialien (D 1672), die Prüfung von beweglichen Luftkonditionierschläuchen (D 1680), ein Standard-Klassifikationssystem für Ruß (D 1765), die Probenahme von Ruß aus Packungseinheiten (D 1799), die Bestimmung der Dichte von Gummichemikalien (D 1817), die Güte von Gummidichtungsringen für Asbestzementrohre (D 1869), die Bestimmung der Alterung bei erhöhten Temperaturen (D 1870), die Adhäsion von vulkanisiertem Gummi an Einzeldrähten (D 1871), die Bestimmung von 2-Mercaptobenzthiazol in Vulkanisationsbeschleunigern (D 1872, D 1873) und der Schrumpfung von Styrol-Butadien-Kautschuk (D 1917), eine Klassifizierung von Eigenschaften elastomerer Materialien (D 2000), die Bestimmung charakteristischer Gruppen im Weichmacher (D 2006, D 2007), die Güte und die Prüfverfahren für gummierte, gekräuselte Haare zu Polsterungen (D 2128), eine Klassifizierung der Eigenschaften von Hartgummi (D 2135), die Bestimmung der Tieftemperatur-Biegeeigenschaften beschichteter Gewebe (D 2136, D 2137) und der Adhäsion von Cord an Gummi (D 2138), je eine Empfehlung zur Beschreibung der Typen von Weichmachern (D 2226) und für die Vibrationsprüfung von Vulkanisaten (D 2231), die Hochenergie-Kernbestrahlung zusammengedrückter Gummiproben (D 2309) und schließlich die Bestimmung der Zusammendrückbarkeit und Erholung von Dichtungsmaterialien (F 36).

Die 17 neu aufgenommenen Standards befassen sich mit der Güte von Acrylnitril/Butadien/Polyvinylchlorid-Mischungen für Draht- und Kabelisolierungen (D 2405, D 2432), der Prüfung biegsamer Urethan-Schaumstoffe (D 2406), der Bestimmung der Dibutylphthalat-Absorptionszahl von Ruß (D 2414), der Prüfung von Gummifäden (D 2433), den Forderungen an die Oberflächen von Naturgummiballen (D 2449), der Nomenklatur von Ruß (D 2516), der Güte von ozon-resistenten Siliconkautschuk-Isolationen (D 2526), den Forderungen an die Querfestigkeit von Gummidichtungen (D 2527), der Bestimmung der Trennfestigkeit gummibeschichteter Gewebe (D 2630) und der Rücksprungelastizität (D 2632), der Prüfung thermoplastischer Isolationen (D 2633), der Güte quervernetzter Polyäthylen-Isolationen (D 2655, D 2656), der Bestimmung der Rußdispersion in Gummi (D 2663) und der Korrosion und Adhäsion von Dichtungsmaterialien an Metalloberflächen (F 64) sowie einer Empfehlung für das Quellverhalten von Dichtungsmaterialien (F 82).

Zwei frühere Standards (D 676 und D 1484) sind zur Bestimmung der Härte mit einem Durometer (D 2240) zusammengefaßt worden.

Die vorstehende Aufzählung zeigt wohl am besten, welche umfangreiche Arbeit von den zuständigen ASTM-Komitees (D-11, D-24 und F-3) in wenigen Jahren geleistet worden ist.

F. Winkler

Wool Handbook. Hgg. von *W. v. Bergen*. Vol. 2. New York/London/Sydney/Toronto: Intenscience Publishers. Part 1: Spinning, Weaving, Knitting. 1969. XX, 638 S. Lwd. 330 s. Part 2: Dyeing, Finishing, Felting. Testing, Marketing. 1970. XXIV, 629 S. Lwd. 330 s.

Nachdem vor sieben Jahren der erste Band des Wool Handbook, der sich mit der Schafzucht sowie mit dem Rohmaterial befaßt, in der 3. Auflage erschienen war, folgt nunmehr der zweite Band nach, der die textile Verarbeitung der Wolle behandelt. Die Fülle des Stoffes erforderte bei dieser stark erweiterten Auflage eine Unterteilung in zwei Teile.

Der Herausgeber *W. v. Bergen* ist ein in der wollverarbeitenden Industrie der USA tätiger Fachmann, der seine berufliche Laufbahn in dieser Branche vor einem halben Jahrhundert in der Schweiz begann. Seine mehr als 20 Mitautoren, die die insgesamt 17 Kapitel des 2. Bandes einzeln oder auch gemeinsam bearbeitet haben, sind größtenteils leitende Persönlichkeiten der wollverarbeitenden Industrie der USA.

Der Teil 1 behandelt im wesentlichen das Sortieren, Waschen und Karbonisieren der Wolle, das Herstellen von Streichgarn, Kammzug und Kammgarn aus reiner Wolle und aus Mischungen mit Chemiefasern, die Weberei einschließlich Vorbereitung und Bindungen für Streich- und Kammgarngewebe sowie allgemeine Grundlagen der Wirkerei und Strickerei.

Der Teil 2 befaßt sich mit dem Färben, Bleichen, Drucken von der Flocke bis zum Gewebe sowie mit der Naß-, Trocken- und Spezialveredlung (z. B. Antischmutz-, Mottenecht-, Pflegeleichtausrüstung; Veredlung von Stretchgeweben) von Geweben, wobei den Prozessen für die Krumpfechtausrüstung ein eigenes Kapitel gewidmet ist. Weiterhin werden Herstellung und Veredlung von Teppichen und Filzen sowie chemische und physikalische Prüfmethoden, von der Faser bis zum Gewebe, abgehandelt. Mit Ausführungen über das Marketing von Streichgarn- und Kammgarngeweben schließen die Beiträge der Autoren. Im Anhang sind schließlich noch einschlägige Zollbestimmungen der USA sowie Informationen über die International Wool Textile Organisation (I.W.T.O.) abgedruckt.

Die Kapitel beginnen in der Regel mit einer kurzen historischen Einleitung, in der die Autoren das jeweilige Fachgebiet z. T. bis zur Antike zurückverfolgen.

Innerhalb der einzelnen Kapitel ist der Stoff zwanglos in Abschnitte unterteilt, die in üblicher Weise auch die zugehörigen Bilder und Tabellen enthalten.

Die Arbeitsweise der Maschinen bzw. Maschinensysteme wird anhand von Prinzipskizzen bzw. Fotos erläutert und auch vergleichend betrachtet. In der Praxis bewährte textilkonstruktive und Maschineneinstellungsdaten, Arbeitsgeschwindigkeiten, Leistungsparameter u. dgl. werden angegeben. Für chemische Verfahren sind auch typische Rezepte und übliche Pozeßführungen genannt. Dabei, und auch auf dem Spinnereigebiet, wird neben der Herstellung von Erzeugnissen aus reiner Wolle auch auf Mischungen, insbesondere mit Chemiefasern, eingegangen.

Im allgemeinen werden die Wollerzeugnisse, vorzugsweise Gewebe, im Hinblick auf ihren Einsatz für Bekleidungszwecke behandelt. Lediglich bei den Filzen wird auch dem technischen Verwendungszweck (Papiermaschinenfilz) Beachtung geschenkt.

Bezüglich der Darlegung theoretischer Zusammenhänge, der Durchführung von Maschinenberechnungen sowie hinsichtlich näherer Einzelheiten verweisen die Autoren meist auf Spezialliteratur (bei Prüfmethoden insbesondere auch auf ASTM-Standards sowie auf Verfahren der I.W.T.O.), die für die einzelnen Kapitel getrennt und in reichem Maße (insgesamt mehr als 600 Zitate) angegeben wird. Relativ großer Wert wird hingegen auf statistische Übersichten über die Bedeutung dieses Industriezweiges gelegt.

Der vorliegende zweite Band des Wool Handbook vermittelt dem Leser aus der Sicht des Praktikers einen Ein- und Überblick in bzw. über die Technologien, die in der wollverarbeitenden Industrie der USA und von Westeuropa angewandt werden. Dabei wird allerdings das Gebiet der Wirkerei und Strickerei nur von den Grundlagen der Maschenbildung her und auch nicht „wollspezifisch" abgehandelt. Es werden die Entwicklungen geschildert, die zu dem gegenwärtigen Stand der Technik geführt haben. Demgegenüber werden prognostische Gedanken kaum dargelegt.

In bezug auf die Maßsysteme ist zu sagen, daß neben einer Vielfalt von Feinheitsnumerierungen, die anscheinend auch heute noch in den USA nebeneinander bestehen, auch das Tex-System angewandt wird. Im übrigen ist aber keine Einheitlichkeit zwischen den Beiträgen der einzelnen Autoren festzustellen. Anglo-amerikanische und metrische Maße werden nach Belieben verwendet, so daß für Leser aus beiden Gebieten im Bedarfsfalle Umrechnungen erforderlich sind. Diese Uneinheitlichkeit, die auf einen Verzicht auf eine redaktionelle Bearbeitung der einzelnen Kapitel hindeutet, wird auch an der Art der Literaturzitate besonders deutlich.

Somit besteht der vorliegende zweite Band des Wool-Handbook leider nicht „aus einem Guß". Trotz dieses „Schönheitsfehlers" wird aber ein an der Wollverarbeitung interessierter Leser, der allerdings über allgemeine textiltechnologische bzw. chemische Grundkenntnisse verfügen sollte, in diesen Büchern allerhand Wissenswertes finden. Aber auch den in der Branche tätigen Fachleuten werden diese beiden Teile des Wool Handbook als Nachschlagwerk sowie auch als Wegweiser zur Spezialliteratur sicherlich sehr dienlich sein können, zumal die Beiträge in der Regel in einem unkomplizierten Amerikanisch bzw. Englisch geschrieben wurden. *H. Rothe*

Patentschau

Auszug aus der Lieferung 15/16/1970 der Patentschau „Faserstoffe und Textiltechnik", Ausgabe A: Faserstoffe einschl. Kunststoffe und organ. Grundsubstanzen, zusammengestellt von der Abteilung Wissenschaftliches Berichtswesen des Instituts für Faserstoff-Forschung der DAW, 153 Teltow-Seehof, Kantstr. 55

Die Patentschau ist nach der Internationalen Patentklassifikation (IPC) gegliedert. Es bedeuten: DDP = DDR-Patent; DBP = Deutsches Bundespatent; DAS = (West)-Deutsche Auslegeschrift; DOS = (West)-Deutsche Offenlegungsschrift; OeP = Österreichisches Patent; PoP = Polnisches Patent; SzP = Schweizer Patent; FrP = Französisches Patent; GBP = Britisches Patent; JaP = Japanisches Patent; SvP = Schwedisches Patent; SUP = Sowjetisches Patent; ČSP = Tschechoslowakisches Patent; USP = Amerikanisches Patent; A = Anmeldedatum, B = Tag der Ausgabe der Patent-, Offenlegungs- bzw. Auslegeschrift.

Section C. Chemie und Metallurgie

C 03 Glas; Mineral- und Schlackenwolle

C 03b. Herstellung, Formgebung und Nachbehandlungsverfahren

C 03b 37/00. Herstellen oder Behandeln von Flocken, Fasern oder Fäden aus zähflüssigem Glas, zähflüssigen Mineralien oder Schlacken

FrP 1588880. Verfahren und Vorrichtung für die Herstellung von Fasern aus thermoplastischen Materialien, insbesondere von Glasfasern. Inh.: Compagnie des Saint-Gobain. A. 6. 9. 68, B. 24. 4. 70. Int. Kl.: C 03b 37/00 u. B 29d 7/00. A.-Z.: 165317.

SUP 270967 (Urheberschein). Vorrichtung zum Schneiden von Fasermaterialien. Erf.: *V. V. Poležaev.* A. 21. 12. 68, B. 12. 5. 70. Kl.: 32a, 37/00, Int. Kl.: C 03b. A.-Z.: 1295479/29 – 33.

ČSP 136354. Zerfaserungseinrichtung, besonders für Hochofenschlacke. Erf.: *Jaroslav Odstrčil.* A. 3. 6. 68, B. 26. 9. 69. Kl.: 32a, 37/00, Int. Kl.: C 03c. A.-Z.: 4082/58.

C 07. Organische Chemie

C 07c. Acyclische und carbocyclische Verbindungen

DOS 1925740. Verfahren und Vorrichtung zur Durchführung von Dimerisations- und Polymerisationsreaktionen. Erf.: *Pierre Mathis* u. *Leon van Melkebeke.* Anm.: Solvay & Cie. Soc. An., Brüssel (Be). A. 21. 5. 69, O. 4. 12. 69. Kl.: 12o, 11. A.-Z.: P 1925740. Prior.: 4. 12. 69 (Be; A.-Z.: 59055). Entspr. FrP 2009635.

ČSP 136050. Verfahren zur Herstellung von Bis(2-hydroxyäthyl)isophthalat und seinen Gemischen mit Bis(2-hydroxyäthyl)terephthalat. Erf.: *Jaroslav Málek, Premysil Silhavý* u. *Vladimir Bazant.* A. 29. 7. 67, B. 31. 8. 69. Kl.: 12o, 14, Int. Kl.: C 07c. A.-Z.: 5527/67.

C 07d. Heterocyclische Verbindungen.

USP 3497500. Verfahren zur Herstellung von ε-Caprolactam. Erf.: *Harold E. Kyle* u. *George C. Heilig.* Inh.: Union Carbide Corp. A. 16. 6. 67, B. 24. 2. 70. Kl.: 260 – 239,3. 11 Anspr. A.-Z.: 646543. Entspr. FrP 1576612.

C 08. Makromolekulare Verbindungen; ihre Herstellung und chemische Verarbeitung; auf diesen Verbindungen beruhende Gemische

C 08b. Polysaccharide und deren Derivate

ČSP 136061. Einstufenverfahren zur Herstellung von vernetzter, mikrokristalliner Cellulose. Erf.: *Ludovit Kuniak* u. *Bohumil Alince.* A. 19. 6. 68, B. 31. 8. 69. Kl.: 12o, 6, Int. Kl.: C 07c. A.-Z.: 4500/68.

ČSP 136062. Verfahren zur Herstellung von vernetzter, mikrokristalliner Cellulose. Erf.: *Ludovit Kuniak* u. *Bohumil Alinče.* A. 14. 8. 68, B. 31. 8. 69. Kl.: 12o, 6, Int. Kl.: C 07c. A.-Z.: 5877/68.

SUP (Urheberschein). Verfahren zum Behandeln von Celluloseestern und -äthern. Erf.: *V. K. Beljakov, S. V. Vinogradov, S. I. Burmistrov, N. P. Gural'* u. *L. N. Malinin.* A. 20. 1. 69, B. 2. 4. 70. Kl.: 12o, 6. A.-Z.: 1299689/23 – 5.

C 08f. Polymerisationsprodukte

FrP 2011771. Verfahren zur Hrestellung von Polyvinylchlorid. Erf.: *L. Patron, A. Moretti* u. *R. Pasqualetto.* Inh.: Chatillon Soc. An. Italiana per le Fibre Tessili Artificiali. A. 24. 6. 69, B. 24. 4. 70. Int. Kl.: C 08f 1/00, 3/00. A.-Z.: 6921087. Prior.: 28. 6. 68 (It; A.-Z.: 18362 A/68).

Jap 7001458-R. Katalysator für die Niederdruckpolymerisation von Olefinen. Inh.: Toray Industries Inc. A. 8. 9. 64, B. 19. 1. 70. A.-Z.: 51197/64.

USP 3497568. Kontinuierliches Verfahren zur Polymerisation von Olefinen. Erf.: *William D. Stepanek, George S. Saines* u. *John T. Nolan jr.* Inh.: Texaco Inc., New York, N. Y. A. 29. 9. 67, B. 24. 2. 70. Kl.: 260 – 683,15, Int. Kl.: C 08f 1/72, C 07c 3/18, B 01j 9/02. 9 Anspr. A.-Z.: 671582.

DOS 1570913. Verfahren zum Reinigen von Polyolefinen. Erf.: *Enzio Colombo.* Anm.: Montecatini Edison S.p.A., Mailand (It.) A. 22. 10. 64, O. 11. 12. 69. Kl.: 39b 4, 3/02. A.-Z.: P 1570913 (M 62839). Prior.: 31. 10. 63 (It; A.-Z.: 22285). Entspr. FrP 1412263 u. GBP 1008832.

DOS 1925292. Verfahren zum Polymerisieren von Vinylchlorid. Erf.: *Jean Golstein.* Anm.: Solvay & Cie. Soc. An., Brüssel. A. 17. 5. 69, O. 11. 12. 69. Kl.: 39b4, 3/30, A.-Z.: P 1925292. Prior.: 7. 6. 68 (Lu; A.-Z.: 56220). Entspr. FrP 2010345.

OeP 283727. Verfahren zur Herstellung wasserlöslicher Polymerisate. Erf.: *Simone Franco, Alvaro Leoni* u. *Manlio Marini.* Inh.: S.p.A. Ferrania, Mailand (It). A. 11. 11. 66, B. 15. 12. 69. Kl.: 39b, 14. A.-Z.: 10444/66. Prior.: 18. 11. 65 (It; A.-Z.: 25629/65). Entspr. FrP 1504096.

JaP 7003100-R. Polymerisation von Vinylverbindungen in wäßrigem Medium. Inh.: Shin Etzu Chem. Ind. Co. Ltd. A. 15. 7. 66, B. 2. 2. 70. A.-Z.: 46234/66.

SUP 267069 (Urheberschein). Verfahren zur automatischen Steuerung der Polymerisation von Äthylen. Erf.: *I. M. Abramzon, B. A. Verchurubov, E. P. Vorob'eva, M. A. Gurevič, A. D. Krjučkov* u. *V. I. Molčanov.* A. 27. 5. 68, B. 1. 4. 70. Kl.: 39c, 25/01. A.-Z.: 1244754/23 – 5.

SUP 267900 (Urheberschein). Verfahren zur Herstellung von Polyäthylen. Erf.: *A. G. Ivanova, N. M. Kovalenko* u. *Ju. P. Borodina.* Inh.: Groznenskij Filial naučno-issledovatel'skogo i proektnogo Instituta polimerizacionnych Plastmass. A. 18. 6. 68, B. 2. 4. 70. Kl.: 39c, 25/01. A.-Z.: 1248360/23 – 5.

OeP 283726. Verfahren zur Herstellung von Polymerisaten olefinisch ungesättigter Verbindungen und von deren Vulkanisaten. Inh.: Stamicarbon N. V., Heerlen (Nd). A. 4. 1. 68, B. 15. 12. 69. Kl.: 39b, 13. A.-Z.: 92/68. Prior.: 5. 1. 67 (Nd; A.-Z.: 6700205). Entspr. DDP 69930.

SUP 271014 (Urheberschein). Verfahren zur Herstellung von Polyvinylazolen. Erf.: *Ju. N. Ivlev, E. S. Domnina, G. G. Skercova* u. *M. F. Šostakovskij.* Anm.: Irkutskij Institut organičeskoj Chimii Sibirskogo Otdelenija AN SSSR. A. 4. 2. 69, B. 12. 5. 70. Kl.: 39c, 25/01, Int. Kl.: C 08f 7/12. A.-Z.: 1302222/23 – 5.

DOS 1520374. Kopolymere fluorierter ungesättigter Monomerer und Verfahren zu deren Herstellung. Erf.: *Dario Sianesi, Gian Carlo Bernardi* u. *Antonio Reggio.* Anm.: Montecatini Soc. Gen. per l'Industria Mineraria e Chimica, Mailand (It). A. 26. 3. 64, O. 4. 12. 69. Kl.: 39b4, 15/06. A.-Z.: P 1520374 (M 60454). Prior.: 1. 4. 63 (It; A.-Z.: 6601). Entspr. SvP 315124 u. USP 3331823.

USP 3497573. Blockcopolymere aus Propylen und einem polaren Monomeren. Erf.: *Donald E. Hostettler.* Inh.: Dart Industries Inc. A. 18. 1. 66, B. 24. 2. 70. Kl.: 260876, Int. Kl.: C 08f 15/40, C 08g 1/18, 23/04. 16 Anspr. A.-Z.: 521414. Entspr. FrP 1508588, GBP 1160791, GBP 1160792 u. GBP 1160793.

DOS 1520351. Neue Copolymere und Elastomere und Verfahren zu ihrer Herstellung. Erf.: *Alberto Valvassori, Guido Sartori* u. *Nazareno Cameli.* Anm.: Montecatini Edison S.p.A., Mailand (It). A. 3. 12. 63, O. 11. 12. 69. Kl.: 39b4, 19/00. A.-Z.: P 1520351 (M 59121). Prior.: 5. 12. 62 (It; A.-Z.: 23931/62). Entspr. FrP 1383241 u. GBP 1009949.

DOS 1495722. Verfahren zur Herstellung von mit Acrylamid gepfropften amorphen, ungesättigten, ternären Olefin-Diolefin-Mischpolymerisaten in wäßriger Dispersion. Erf.: *Alfred Kühlkamp, Elmar Heiskel* u. *Erich Schmidt.* Anm.: Farbwerke Hoechst AG vorm. Meister Lucius & Brünnig, 6230 Frankfurt-Höchst. A. 31. 5. 63, O. 11. 12. 69. Kl.: 39b4, 27/00. A.-Z.: P 1495722 (F 39887). Entspr. FrP 85879 u. GBP 1073463.

DOS 1495737. Verfahren zur Darstellung vernetzbarer Vinylchlorid-Polymerisate. Erf.: *Dietrich Hardt* u. *Herbert Bartl.* Anm.: Farbenfabriken Bayer AG, 5090 Leverkusen. A. 27. 8. 63, O. 11. 12. 69. Kl.: 39b4, 27/00. A.-Z.: P 1495737 (F 40593). Entspr. FrP 1409527 u. GBP 1076930.

DOS 1570486 Zus. z. Anm.: 1246246. Verfahren zur Herstellung von Polycarbonsäuren aus Polyacroleinen. Erf.: *Heinz Hartel, Ilse Ursula Nebel* u. *Gerhard Bier.* Anm.: Dynamit Nobel AG 5210 Troisdorf. A. 3. 12. 65, O. 11. 12. 69. Kl.: 39b4, 27/22. A.-Z.: P 1570486 (D 48815). Entspr. DDP 57198 u. GBP 1095850.

JaP 7001624-R. Pfropfcopolymere von chloriertem Polyvinylchlorid. Inh.: Shin-Etsu Chemical Industry Co. Ltd. A. 12. 11. 65, B. 20. 1. 70. A.-Z.: 69465/65.

OeP 284437. Thermoplastische Polymerzusammensetzungen auf der Basis von chlorierten Polymeren und/oder Mischpolymeren des Vinylchlorids. Erf.: *Egiido Cerri.* Inh.: Montecatini Edison S.p.A., Mailand (It). A. 22. 6. 67, B. 15. 1. 70. Kl.: 39b, 14. A.-Z.: 5841/67. Prior.: 23. 6. 66 (It; A.-Z.: 19376).

FrP 2011501. Thermoplastpolymerkompositionen auf der Grundlage von Vinylchlorid. Erf.: *L. Scarso, E. Cerri* u. *G. Pezzin.* Inh.: Montecatini Edison. A. 22. 5. 69, B. 24. 4. 70. Int. Kl.: C 08f 29/00. A.-Z.: 6916649. Prior.: 22. 5. 68 (It; A.-Z.: 16792).

JaP 7003217-R. Polypropylenkomposition mit verbesserter Anfärbbarkeit. Inh.: Chisso Corp. A. 4. 3. 66, B. 3. 2. 70. A.-Z.: 13227/66.

JaP 7003218-R. Polyamid-Zusätze zur Verbesserung der Färbeeigenschaft von Polyolefin. Inh.: Toyo Spinning Co. Ltd. A. 13. 5. 66, B. 3. 2. 70. A.-Z.: 30509/66.

SUP 270999 (Urheberschein). Mischung auf der Basis von Polyäthylen und eines stabilisierenden Zusatzes. Erf.: *S. S. Chin'kis, E. N. Matveeva, I. S. Berova, A. I. Djadčenko, A. S. Taranenko* u. *E. S. Klimova.* A. 31. 1. 68, B. 12. 5. 70. Kl.: 39b, 22/06. Int. Kl.: C 08f. A.-Z.: 1213470/23 – 5.

SUP 270998 (Urheberschein). Verfahren zur Stabilisierung von Polyolefinen. Erf.: *A. N. Sokolov, A. I. Zelenskij, V. F. Bočarov* u. *A. S. Bespalyj.* Anm.: Belorusskij technologiceskij Institut Im. S. M. Kirova. A. 27. 4. 68, B. 12. 5. 70. Kl.: 39b, 22/06, Int. Kl.: C 08f. A.-Z.: 1237148/23 – 5.

C 08g. Polykondensations- und Polyadditionsprodukte

JaP 7002390-R. Behandlung der Hydroxylendgruppen von Oxymethylen-(Co)polymeren. Inh.: Asahi Chemical Ind. Co. Ltd. A. 4. 4. 66, B. 27. 1. 70. A.-Z.: 20665/66.

GBP 1182376. Verfahren zur Polymerisation oder Copolymerisation von β-Propiolactonen. Inh.: Shell Internationale Research Maatschappij N. V. A. 1. 7. 68, B. 25. 2. 70. Kl.: C 3.R, Int. Kl.: C 08g 17/017. A.-Z.: 31239/68.

JaP 7001468-R. Dielektrische Konstante von Polyestern als Polymerisationsgradkontrolle. Inh.: Toyo Rayon Co. Ltd. A. 14. 8. 65, B. 19. 1. 70. A.-Z.: 49196/65.

USP 3497477 Zus. z. Pat. m. A.-Z.: 549500. A. 12. 5. 66. Verfahren zum Entfernen von metallischem Antimon aus Polyestervorpolymerisaten. Erf.: *Kenneth T. Barkey* u. *Walter L. Predmore jr.* Inh.: Eastman Kodak Co., Rochester, N. Y. A. 2. 6. 69, B. 24. 2. 70. Kl.: 260 – 75, Int. Kl.: C 08g 17/013. 4 Anspr. A.-Z.: 829780.

DOS 1570330. Verfahren zur Herstellung von Mischpolyamiden der Oxalsäure mit Iso- und Terephthalsäure in feinkörniger Form. Erf.: *Wolfgang Wolfes.* Anm.: Chemische Fabrik Witten GmbH, 5810 Witten. A. 23. 1. 65, O. 11. 12. 69. Kl.: 39b5, 20/20. A.-Z.: P 1570330 (C 34936). Entspr. DDP 48689, SzP 448523, FrP 1465867, GBP 1049986 u. USP 3442869.

SUP 267065 (Urheberschein). Verfahren zur Herstellung von Poly(N-phenylbenzimidazol)imiden. Erf.: *V. V. Koršak, G. M. Cejtlin, G. M. Čerkasova* u. *A. L. Rusanov.* Inh.: Moskovskij chimiko-technologičeskij Institut Im. D. I. Mendeleeva u. Institut elementorganičeskich Soedinenij AN SSSR. A. 7. 1. 69, B. 1. 4. 70. Kl.: 39c, 13. A.-Z.: 1295869 – 23 – 5.

USP 3497479. Härtbare Polyamide aus Dimethylmuconsäureisomeren. Erf.: *Richard D. Cassar.* Inh.: Sun Oil Co., Philadelphia, Pa. A. 29. 7. 66, B. 24. 2. 70. Kl.: 260 – 78, Int. Kl.: C 08g 20/20. 12 Anspr. A.-Z.: 568773. Entspr. FrP 1532814.

USP 3499875. Neue Beschleuniger für die anionische Polymerisation von Lactamen. Erf.: *Edward W. Pietrusza* u. *Jack R. Pedersen.* Inh.: Allied Chemical Corp., New York, N. Y. A. 24. 7. 67, B. 10. 3. 70. Kl.: 260 – 78, Int. Kl.: C 08g 20/10, 20/12, 20/18. 8 Anspr. A.-Z.: 655298. Entspr. FrP 1582569.

SUP 270994 (Urheberschein). Mischung auf der Basis eines Furylharzes. Erf.: *O. L. Figovskij, N. D. Černyševa, T. Ch. Achmedžanova, Ju. S. Kuricyna* u. *E. G. Balalaev.* A. 26. 3. 68, B. 12. 5. 70. Kl.: 39b, 22/04. Int. Kl.: C 08g 37/04, 51/30. A.-Z.: 1228529/23 – 5.

JaP 7001748-R. Imidazole enthaltende, lagerfähige, ungesättigte Polyestermischung. Inh.: Japan Catalytic Chemical Industry Co. Ltd. A. 18. 3. 65, B. 21. 1. 70. A.-Z.: 15370/65.

OeP 284449. Lichtstabilisierte Polyamide. Inh.: Farbenfabriken Bayer AG, Leverkusen (DB). A. 19. 4. 68, B. 15. 1. 70. Kl.: 39b, 21. A.-Z.: 3829/68. Prior.: 9. 6. 67 (DB: A.-Z.: F 52642 IVc/39b). Entspr. SzP 490449 u. FrP 1568547.

JaP 7001752-R. Polyamidthioäther als Stabilisatoren für Polyoxymethylene. Inh.: Asahi Chemical Industry Co. Ltd. A. 6. 3. 65, B. 21. 1. 70. A.-Z.: 12863/65.

USP 3499867. Stabilisierte Polyamidkomposition. Erf.: *Naofumi Nakamura, Yasufusa Hotta, Tadayoshi Murakami, Yoshiharu Shimpo, Kuniomi Etoh* u. *Yoshikazu Shirasaki.* Inh.: Toyo Bosaki Kabushiki Kaisha, Osaka (Ja). A. 13. 6. 66, B. 10. 3. 70. Kl.: 260 – 45,75, Int. Kl.: C 08g 51/62. 8 Anspr. A.-Z.: 556855. Prior.: 22. 6. 65 u. 4. 12. 65 (Ja; A.-Z.: 40/36756 u. 40/74745, A.-Z.: 36756/65 entspr. JaP 13861/68. A.-Z.: 74745 JaP 10369.) Entspr. GBP 1147216.

Section D

Textilien und biegsame Werkstoffe, soweit nicht anderweitig vorgesehen

D 01

Natürliche und künstliche Fäden und Fasern; Spinnen

D 01b. Mechanische Behandlung von natürlichen faserigen oder fadenförmigen Stoffen zur Gewinnung von Fasern oder Fäden, z. B. zum Verspinnen

SUP 267002 (Urheberschein). Verfahren zur kontinuierlichen Behandlung von Bastfasern im Band. Erf.: *S. I. Derbenev, P. A. Gekker, B. P. Karjakin, I. A. Boriskin, S. S. Mešalkin* u. *V. P. Štin.* Anm.: Central'nyj naučno-issledovatel'skij Institut Promyšlennosti lubjanych Volokon. A. 1. 3. 68, B. 1. 4. 70. Kl.: 29b, 2/03. A.-Z.: 1222742/28 – 12.

D 01d. Mechanische Verfahren und Vorrichtungen für die Herstellung von künstlichen Fäden, Gespinsten, Fasern, Borsten oder Bändern

FrP 1588170. Fasern und Fäden mit besonderem Querschnitt und Düsen für ihre Herstellung. Erf.: *E. Rottenbacher* u. *F. Sassanelli* Inh.: Snam. Progetti S.p.A. A. 26. 10. 67, B. 10. 4. 70. Int. Kl.: D 01d. A.-Z.: 126012. Prior.: 27. 10. 66 (It; A.-Z.: 29321/66). Entspr. GBP 1153507.

JaP 21810/69. Düse. Inh.: Teijin Ltd. A. 22. 3. 66, B. 18. 9. 69. A.-Z.: 17813/66.

JaP 7001925-R. Düse zum Schmelzspinnen von Polymeren. Inh.: Toray Industries Inc. A. 26. 1. 67, B. 22. 1. 70. A.-Z.: 4789/67.

JaP 7002763-R. Düsenvorrichtung zum Spinnen konjugierter Fäden. Inh.: Teijin Ltd. A. 7. 3. 68, B. 30. 1. 70. A.-Z.: 14884/68.

DOS 1435730. Verfahren zur Vorbereitung eines endlosen Fadenkabels auf Präzisionsschnitt an bekannten Stapelfaserschneidevorrichtungen mit feststehender Kabelführung und umlaufendem Messer. Erf.: *Walter Arnold* u. *Karl Ostertag.* Anm.: Glanzstoff AG, 5600 Wuppertal. A. 1. 3. 63, O. 4. 12. 69. Kl.: 29a, 6/05. A.-Z.: P 1435730 (V 23724). Entspr. SzP 415937 u. USP 3423497.

DOS 1926948. Spinnverstreckverfahren. Erf.: *Kenneth Gerald Matthews* u. *David Mervyn Jones.* Anm.: Imperial Chemical Industries Ltd., London. A. 27. 5. 69, O. 4. 12. 69. Kl.: 29a, 6/31. A.-Z.: P 1926948. Prior.: 27. 5. 68 (GB; A.-Z.: 25159/68). Entspr. FrP 2009430.

OeP 283575 (2. Zus. z. Pat. 261102). Verfahren zur Herstellung von aus endlosen, verstreckten Fäden bestehenden Vliesen. Inh.: Carl Freudenberg, Fa., Weinheim (DB). A. 30. 6. 65. B. 15. 12. 69. Kl.: 29a, 7/01. A.-Z.: 5956/65.

OeP 283576. Verfahren und Vorrichtung zur Herstellung von Fasern. Inh.: Chemcell (1963) Ltd., Montreal (Ca). A. 23. 7. 65, B. 15. 12. 69. Kl.: 29a, 7/04. A.-Z.: 6792/65. Prior.: 24. 7. 64 (Ca; A.-Z.: 907998). Entspr. SzP 461701, FrP 1442762, GBP 1070257 u. USP 3366722.

JaP 22205/69. *Reckapparatur.* Inh.: Teijin Ltd. A. 13. 7. 66, B. 22. 9. 69. Kl.: 42 A. A.-Z.: 46145/66.

JaP 22764/69. Spinnen eines mehrschichtigen Fadens. Inh.: Kanegafuchi Spinning Co., Ltd. A. 29. 12. 67, B. 29. 9. 69. Kl.: 42 A. A.-Z.: 84941/67. Entspr. FrP 1584991.

JaP 7001933-R. Konjugierte vielkernige Polyesterfäden. Inh.: Toray Ind. Inc. A. 25. 4. 67, B. 22. 1. 70. A.-Z.: 26002/67.

JaP 7002339-R. Aufteilen von synthetischer Seide in Wasser. Inh.: Yamamura Knitting Co. Ltd. A. 28. 4. 66, B. 26. 1. 70. A.-Z.: 2726/66.

JaP 7002781-R. Aus Fäden bestehender langer schmaler Polypropylentuchstreifen. Inh.: Mitsubishi Rayon Co. Ltd. A. 11. 4. 67, B. 30. 1. 70. Kl.: F 4. A.-Z.: 22960/67.

JaP 7003301-R. Herstellung gemischter Seide. Inh.: Teijin Ltd. A. 5. 11. 63, B. 4. 2. 70. A.-Z.: 59852/63. Entspr. DAS 1269766 u. SzP 431807.

USP 3497586. Verfahren und Vorrichtung zum Erspinnen von thermoplastischen Fäden aus der Schmelze. Erf.: *Herman W. Hemker* u. *Arien K. Sarian.* Inh.: FMC Corp., Philadelphia, Pa. A. 4. 1. 68, B. 24. 2. 70. Kl.: 264 – 237, Int. Kl.: D 01d 5/08. 10 Anspr. A.-Z.: 695711. Entspr. DOS 1806690.

USP 3499195. Abriebvorrichtung. Erf.: *Charles A. Wethington.* Inh.: Deering Milliken Research Corp., Spartanburg, S. C. A. 7. 6. 67, B. 10. 3. 70. Kl.: 28 – 67, Int. Kl.: D 02j 3/02. 9 Anspr. A.-Z.: 644292.

DOS 1435750. Vorrichtung zum Transportieren eines Fadens. Erf.: *Horst Haninger.* Anm.: Zinser Textilmaschinen GmbH, 7333 Ebersbach. A. 5. 11. 65, O. 4. 12. 69. Kl.: 29a, 6/31. A.-Z.: P 1435750 (Z 11845). Entspr. SzP 445010 u. FrP 1498244.

SUP 267801 (Urheberschein). Apparat zur kontinuierlichen Behandlung von Fäden unter erhöhtem Druck. Erf.: *V. F. Nazarov, A. D. Vorob'ev, V. S. Matveev, N. I. Demechina* u. *V. A. Platonov.* A. 2. 8. 68, B. 2. 4. 70. Kl.: 29a, 6/08. A.-Z.: 1260585/28 – 12.

D 01f. Chemische Gesichtspunkte bei der Herstellung von künstlichen Fäden, Gespinsten, Fasern, Borsten oder Bändern

DOS 1494614. Viskosespinnlösungen. Erf.: *Dieter Dietrich, Erwin Müller* u. *Heinz-Dietrich Jordan.* Anm.: Farbenfabriken Bayer AG, 5090 Leverkusen. A. 10. 11. 65, O. 4. 12. 69. Kl.: 29b, 3/20. A.-Z.: P 1494614 (F 47634).

DOS 1494745. Verfahren zur Herstellung von Fäden oder Fasern aus Viscose. Erf.: *Hitoshi Tonami, Yoichi Uchida* u. *Tatsuo Fujii.* Anm.: Teijin Ltd., Osaka (Ja). A. 28. 5. 63, O. 11. 12. 69. Kl.: 29b, 3/20. A.-Z.: P 1494745 (T 24063). Prior.: 28. 5. 62 (Ja; A.-Z.: 21065/62). Entspr. SzP 451398, FrP 1364816, GBP 1029736 u. USP 3381075.

DOS 1494756. Verfahren zur Herstellung von Reyonfäden von hohem Naßmodul. Erf.: *Kitao Shimizu, Kazuo Yuki, Tsuneshige Nagami* u. *Akira Mitsui.* Anm.: Toyo Rayon Kabushiki Kaisha, Tokio (Ja). A. 7. 4. 65, O. 11. 12. 69. Kl.: 29b, 3/20. A.-Z.. P 1494756 (T 28341). Prior.: 7. 4. 64 (Ja; A.-Z.: 19319/64). Entspr. GBP 1083773.

DOS 1494757. Verfahren zur Verbesserung von Viskosereyon-Fäden und Fasern mit hohem Polymerisationsgrad. Erf.: *Takashi Asaeda.* Anm.: Tachikawa Research Institute, Kyoto (Ja). A. 23. 9. 65, O. 11. 12. 69. Kl.: 29b, 3/20. A.-Z.: P 1494757 (T 29466). Prior.: 2. 11. 64 (Ja; A.-Z.: 61841/64). Entspr. OeP 283578, FrP 1457700 u. GBP 1082899.

DOS 1494740. Verfahren zur Gewinnung von Kollagenfasern aus Abfallleder. Erf.: *Hiroshi Okamura* u. *Sato Hisao.* Anm.: Fuji Spinning Co., Tokio (Ja). A. 29. 4. 65, O. 11. 12. 69. Kl.: 29b, 1/10 (29b, 3/57). A.-Z.: P 1494740 (S 96843). Prior.: 30. 4. 64 (Ja; A.-Z.: 24244/64).

DOS 1494571. Verfahren zur Herstellung spinnfähiger Mischungen hochmolekularer Stoffe. Erf.: *Arnuld Sippel* u. *Maria Lotte Bumiller.* Anm.: Deutsche Thodiaceta AG, 7800 Freiburg. A. 19. 6. 64, O. 11. 12. 69. Kl.: 29b, 3/70. A.-Z.: P 1494571 (D 44722).

DOS 1494609. Verfahren zur Herstellung von Fäden und Folien aus hochmolekularen linearen Polycarbonaten. Erf.: *Béla von Falkai, Wolfgang Rellensmann, Manfred Reichardt* u. *Alfred Reichle.* Anm.: Farbenfabriken Bayer AG, 5900 Leverkusen. A. 22. 4. 65, O. 4. 12. 69. Kl.: 29b, 3/60 (39b5, 39/00). A.-Z.: P 1494609 (F 45877). Entspr. GBP 1093034.

DOS 1494610. Verfahren zur Herstellung gummielastischer Fäden und Fasern mit verbesserter Anfärbbarkeit. Erf.: *Horst Wieden, Wolfgang Rellensmann, Günther Nischk, Hans Holtschmidt* u. *Ernst Roos.* Anm.: Farbenfabriken Bayer AG, 5090 Leverkusen. A. 24. 4. 65, O. 4. 12. 69. Kl.: 29b, 3/60. A.-Z.: P 1494610 (F 45903). Entspr. FrP 1498317 u. GBP 1086079.

DOS 1494637. Verfahren zur Herstellung von Polyvinylalkoholsynthesefäden. Erf.: *Hirotoshi Kurashige.* Anm.: Kurashiki Rayon Co., Ltd., Kurashiki City, Okayama (Ja). A. 9. 8. 63, O. 11. 12. 69. Kl.: 29b, 3/65. A.-Z.: P 1494637 (K 50479). Prior.: 9. 8. 62 (Ja; A.-Z.: 32946/62). Entspr. FrP 1365747, GBP 1036787 u. USP 3345446.

DOS 1494664. Verfahren zur Herstellung von kontinuierlichen Fäden aus Vinylpolymerisaten durch Naßspinnen. Erf.: *Corrado Mestre Mazzolini* u. *Alfredo Bariosco.* Anm.: Monsanto Co., St. Louis, Mo. (US). A. 15. 10. 63 O. 11. 12. 69. Kl.: 29b, 3/65. A.-Z.: P 1494664 (M 58558). Prior.: 16. 10. 62 (It; A.-Z.: 28101/62).

DOS 1494731. Künstlicher Faserstoff. Erf. u. Anm.: *Ole-Bendt Rasmussen.* Birkerod (Da). A. 9. 5. 63, O. 11. 12. 69. Kl.: 29b, 3/70. A.-Z.: P 1494731 (R 35132). Prio: 11. 5. 62 (Da; A.-Z.: 21 36). Entspr. SzP 427137, FrP 1357278, GBP 1037765 u. SvP 306389.

DOS 1494742. Naßspinnverfahren zur Herstellung von Fäden aus aliphatischen Polyamiden. Erf.: *Francesco Siclari, Giorgi Seveso Fonzi* u. *Vito Ballarati.* Anm.: Snia Viscosa Società Nazionale Industria Applicazioni Viscosa S.p.A., Mailand (It). A. 31. 8. 65, O. 11. 12. 69. Kl.: 29b, 3/60. A.-Z.: P 1494742 (S 99173). Prior.: 2. 9. 64 (It; A.-Z.: 18839/64). Entspr. FrP 1474741 u. GBP 1068123.

DOS 1494761. Verfahren zum diskontinuierlichen oder kontinuierlichen Herstellen von Fäden, Fasern oder Folien durch Schmelzspinnen von linearen Polyestern oder Mischpolyestern. Erf.: *Willy Berkoben, Werner Grießbach, Johannes Heinze, Helmut Ramm* u. *Hans Richardt*. Anm.: VEB Chemiefaserwerk Schwarza, Wilhelm Pieck, Rudolstadt/Thür. A. 10. 12. 63, O. 18. 12. 69. Kl.: 29b, 3/60 (39b5, 39/02). A.-Z.: P 1494761 (V 25006).

DOS 1494765. Verfahren zur Herstellung spinngefärbter Fäden. Erf.: *Ernst Meyer* u. *Helmut Linhart*. Anm.: Glanzstoff AG, 5600 Wuppertal-Elberfeld (DB). A. 10. 5. 65, O. 11. 12. 69. Kl.: 29b, 3/60. A.-Z.: P 1494765 (V 28420). Entspr. SzP 456839, FrP 1479068 u. GBP 1089390.

FrP 1590028. Verfahren zur Herstellung von Fäden auf Basis synthetischer Hochpolymerer und nach diesem Verfahren erhaltene Fäden. Erf.: *A. Bonvicini* u. *G. Cantatore*. Inh.: Montecatihi-Edison S.p.A. A. 28. 10. 68, B. 15. 5. 70. Int. Kl.: D 01f 7/00. A.-Z.: 171550. Prior.: 31. 10. 67 (It; A.-Z.: 22205 A/67). Entspr. DOS 1805959.

JaP 21805/69. Polyamidfaden. Inh.: Teijin Ltd. A. 15. 3. 66, B. 18. 9. 69. A.-Z.: 16248/66. Entspr. FrP 1518103 u. GBP 1169106.

Jap 22216/69. Kristalliner Polyesterfaden. Inh.: Toyo Rayon Co. Ltd. A. 5. 8. 66, B. 22. 9. 69. A.-Z.: 51036/66.

JaP 7000687-R. Gebauschte Noppengarne aus Vinylidenchlorid/Vinylchlorid-Copolymeren. Inh.: Asahi Duw. Ltd. A. 1. 7. 66, B. 10. 1. 70. A.-Z.: 42597/66.

JaP 7001645-R. Latent gekräuselter Copolyamidfaden. Inh.: Kanegafuchi Spinning Co. Ltd. A. 11. 5. 66, B. 20. 1. 70. A.-Z.: 30149/66.

JaP 7001647-R. Färbbarer, Acrylat/Vinylpyridincopolymere enthaltender Polypropylenfaden. Inh.: Mitsubishi Rayon Co. Ltd. A. 16. 6. 66, B. 20. 1. 70. A.-Z.: 39107/66.

JaP 7001927-R. Polyamid, Polyester und Carbonsäureanhydrid enthaltender synthetischer Faden. Inh.: Teijin Ltd. A. 14. 6. 67, B. 22. 1. 70. A.-Z.: 38298/67.

JaP 7001929-R. Schmelzspinnen von synthetischen Polyamidfäden. Inh. Toray Industries Inc. A. 17. 8. 67, B. 22. 1. 70. Kl.: E 37. A.-Z.: 52414/67:

JaP 7001938-R. Synthetische Acrylfäden mit geformtem Querschnitt. Inh.: Asahi Chem. Ind. Co. Ltd. A. 19. 4. 67, B. 22. 1. 70. A.-Z.: 24732/67.

JaP 7002770-R. Naßspinnen eines Polyacrylnitrilfadens. Inh.: Toray Ind. Inc. A. 27. 1. 67, B. 30. 1. 70. Kl.: A 14. A.-Z.: 4997/67.

JaP 7002773-R. Glänzende Polyacrylnitrilfäden. Inh.: Toray Ind. Inc. A. 31. 5. 67, B. 30. 1. 70. Kl.: A 24. A.-Z.: 34231/67.

JaP 7003293-R. Mischschmelzspinnen von Polyester und Polyamid. Inh.: Toray Co. Ltd. A. 20. 4. 66, B. 4. 2. 70. Kl.: A 24, A 34. A.-Z.: 24587/66.

JaP 7003299-R. Schrumpfbarer Polyesterfaden mit hoher Schrumpfbeanspruchung. Inh.: Toray Co. Ltd. A. 27. 2. 67, B. 4. 2. 70. A.-Z.: 13225/67.

SUP 267803 (Urheberschein). Verfahren zum Waschen von formalisiertem Polyvinylalkoholfaserstoff. Erf.: *V. I. Rabinovič, O. I. Načinkin* u. *T. G. Charina*. A. 5. 8. 68, B. 2. 4. 70. Kl.: 29b, 3/65. A.-Z.: 1263576/23 – 5.

D 02. Garne; mechanische Veredlung von Garnen oder Seilen; Schären oder Bäumen

D 02g. Kräuseln oder Krumpfen (Texturieren) von Fasern, Fäden, Zwirnen oder Garnen; Garne oder Zwirne

DDP 72858. Vorrichtung zum Stauchkräuseln von Garnen. Erf. u. Inh.: *Lutz Brenner* u. *Wolfgang Gerhardt*. A. 12. 7. 68, B. 5. 5. 70. Kl.: 29a, 6/20. Int. Kl.: D 01d. A.-Z.: WP 29a/133410.

SUP 267006 (Urheberschein). Vorrichtung zur Herstellung von klingentexturierten Fäden. Erf.: *E. F. Dudik, L. S. Smirnov, V. I. Naumenko, Ja. G. Šindel* u. *V. A. Kostenko*. Inh.: Naučno-issledovatel'skij Institut po Pererabotke iskusstvennych i sintetičeskich Volokon. A. 7. 10. 68, B. 1. 4. 70. Kl.: 29a, 6/20. A.-Z.: 1274794/28 – 12.

USP 3499194. Verfahren zum Texturieren von Glas. Erf.: *Hayes J. Schmick*. Inh.: Phillips Petroleum Co. A. 20. 3. 68, B. 10. 3. 70. Kl.: 28 – 72,14, Int. Kl.: D 02g 1/12. 10 Anspr. A.-Z.: 714648.

USP 3496715. Faden und Verfahren zur Herstellung. Erf. u. Inh.: *Joseph Fitton*. Great Howarth House, Wardle Road, Rochdale, Lancaster (GB). A. 23. 2. 68, B. 24. 2. 70. Kl.: 57 – 140, Int. Kl.: D 02g 3/02, 1/00, D 01d 5/22. 13 Anspr. A.-Z.: 707736.

D 21. Papierherstellung; Gewinnung von Cellulose bzw. Zellstoff

D 21c. Gewinnung von Cellulose durch Abscheiden nichtcelluloseartiger Substanzen von cellulosehaltigen Stoffen; Wiedergewinnung der Zellstoffablaugen; Vorrichtungen dafür

DOS 1517174. Verfahren zur Herstellung von Magnesiumbisulfit-Aufschlußlauge. Erf.: *Harold R. Douglas* u. *Ivan W. Snider*. Anm.: Domtar Ltd., Montreal (Ca). A. 9. 6. 65. O. 11. 12. 69. Kl.: 55b, 1/20. A.-Z.: P 1517174 (D 47470). Prior.: 9. 6. 64 (Ca; A.-Z.: 904764). Entspr. SvP 308658.

DOS 1517172. Verfahren zur Regenerierung von Altpapier. Erf.: *Wilhelm Berndt* u. *Gregor Schuster*. Anm.: Deutsche Gold- und Silberscheideanstalt vorm. Roessler, 6000 Frankfurt. A. 30. 7. 64, O. 18. 12. 69. Kl.: 55b, 4. A.-Z.: P 1517172 (D 45076). Entspr. SzP 459739.

DOS 1517147 Zus. z. Anm. 1282434. Verfahren und Anlage zur Durchführung einer Vorhydrolyse in einem kontinuierlich arbeitenden Zellstoffkocher. Erf.: *Johan C. F. C. Richter* u. *Ole J. Richter*. Anm.: Aktiebolaget Kamyr, Karlstad (Sv). A. 25. 6. 64, O. 11. 12. 69. Kl.: 55b, 2/10. A.-Z.: P 1517147 (A 46425).

DOS 1517224. Verfahren und Vorrichtung zum Beschicken von Zellulosekochern. Erf.: *Erich Lotz*. Anm.: Maschinenfabrik Hartmann AG, 6050 Offenbach. A. 31. 5. 65, O. 18. 12. 69. Kl.: 55b, 2/50. A.-Z.: P 1517224 (M 65406).

JaP 22201/69. Zellstoffmasse. Inh.: International Papier Co. A. 26. 12. 66, B. 22. 9. 69. Kl.: 39 A. A.-Z.: 84595/66.

JaP 22761/69. Behandeln von Zellstoff-Ablauge. Inh.: Oji Papier Co., Ltd. A. 1. 4. 61, B. 29. 9. 69. Kl.: 39 A. A.-Z.: 11682/61. Entspr. SvP 209366.

JaP 7002321-R. Vorrichtung zur Neutralisierung von Sulfitzellstoff-Abfalllauge ohne Blasenbildung. Inh.: Mitsubishi Heavy Ind. Ltd. A. 18. 3. 66, B. 26. 1. 70. A.-Z.: 16818/66.

Section G Physik

G 01 Messen

G 01b. Längen- und Dickenmesser; Teilvorrichtungen; Taster; Werkstattmeßgeräte; Lehren u. dgl.

SUP 267162 (Urheberschein). Verfahren zur Spannungsmessung am laufenden Faden. Erf.: *M. A. Kornev* u. *Ju. M. Troickij*. A. 29. 6. 67, B. 1. 4. 70. Kl.: 42k, 50. A.-Z.: 1168571/28 – 12.

SUP 269542 (Urheberschein). Verfahren zum Eichen eines Gerätes zur Messung der Spannung einer Fadengruppe. Erf.: *E. E. Vaks*. Anm.: Central'nyj naučnoissledovatel'skij Institut šerstjanoj Promyšlennosti. A. 8. 1. 68, B. 17. 4. 70. Kl.: 42k, 60. A.-Z.: 1209657/28 – 12.

SUP 270321 (Urheberschein). Gerät zur Bestimmung der Haftfestigkeit des Flors. Erf.: *E. N. Beršev, G. P. Smirnov, M. I. Sucharev* u. *N. E. Frejdman*. Anm.: Leningradskij Institut tekstil'noj i legkoj Promyšlennosti Im. Kirova. A. 15. 7. 68, B. 8. 5. 70. Kl.: 42k, 50. Int. Kl.: D 03d 27/00. A.-Z.: 1257341/28 – 12.

SUP 271088 (Urheberschein). Klemme mit elektrischem Einzelantrieb für Fadenzugprüfgerät. Erf.: *G. N. Kukin, L. M. Lebedev* u. *Ju. I. Rozenbaum*. Anm.: Naučno-issledovatel'skij i konstruktorskij Institut ispytatel'nych sažjn, Priborov i Sredstv Izmerenija Mass. A. 5.9. 68, B. 12. 5. 70. Kl.: 42k, 50, Int. Kl.: G 01n 3/04. A.-Z.: 1268178/28 – 12.

Literaturschau

Auszug aus Lieferung 21 und 22/1970 der Literaturschau „Faserstoffe und Textiltechnik", zusammengestellt von der Abteilung Wissenschaftliches Berichtswesen des Instituts für Faserstoff-Forschung der DAW, 153 Teltow-Seehof, Kantstr. 55

I. Wissenschaftliche Grundlagen

Behzadi, A., Borgwardt, U., Henglein, A., Schamberg, E., Schnabel, W.: Pulsradiolytische Untersuchung der Kinetik diffusionskontrollierter Reaktionen des OH-Radikals mit Polymeren und Oligomeren in wäßriger Lösung. Ber. Bunsenges. physik. Chemie **74** (1970) 7, S. 649 – 653.

Allgemeines

(Untersuchungsmethoden u. a.)

Bachareva, I. F., Abachaeva, Z. M.: Anwendung der Variationsbedingung der Nichtgleichgewichtsthermodynamik auf die Bewegung einer viskosen Flüssigkeit. Ž. fizič. Chimii (Ž. physik. Chemie) **44** (1970) 8, S. 2036 – 2038.

Berg, L. G., Egunov, V. P.: Quantitative Thermalanalyse. III. Der Einfluß von experimentellen Faktoren bei der quantitativen Thermalanalyse. J. thermal Analysis, Budapest/London **2** (1970) 1, S. 53 – 64.

Pechanec ,V., Horácek, J.: Bestimmung von Kohlenstoff und Wasserstoff in organischen Verbindungen. VII. Faktoren, die die katalytische Verbrennungswirksamkeit des durch thermische Zersetzung des Kobalt(II)-Oxalats gewonnenen Kobalt(II, III)-Oxids beeinflussen. Coll. czechoslov. chem. Commun. **35** (1970) 9, S. 2749 – 2759.

Physik und Chemie der Hochpolymeren

Horta, A.: Gültigkeit der Gaußschen Näherung für den Streuungsfaktor bei einfachen Kettenmodellen. Macromolecules, Washington **3** (1970) 3, S. 371 – 373.

Slenskij, O. F., Lavrent'ev, V. V.: Zur Frage der Beziehung zwischen den Parametern der Abbaukinetik chemischer Bindungen und der Lebensdauer von Polymerstoffen. Mech. Polimerov, Riga (Mech. der Polymeren) **6** (1970) 4, S. 668 – 675.

Schoene, W., Vollmert, B.: Viskosimetrische Untersuchungen an Styrol-Acrylsäure-Copolymeren und deren Alkalisalzen in organischen Lösungsmitteln. Angew. makromol. Chemie, Basel **13** (1970) S. 23 – 42.

Ramsteiner, F.: Abhängigkeit der Viskosität einer Polystyrolschmelze von Temperatur, hydrostatischem Druck und niedermolekularen Zusätzen. Rheologica Acta, Darmstadt **9** (1970) 3, S. 374 – 381.

Tudose, R., Lungu, M.: Rheologie der Polymeren. Endeffekte beim Fließen in Kapillaren. Materiale plast., Bucureşti **7** (1970) 5, S. 240 – 245.

Fujimura, T., Iwakura, K.: Rheogoniometrie von geschmolzenen Mischungen aus Polyäthylen und Äthylen/Vinylacetat-Copolymerem. I. Abhängigkeit von der Scherkraft. Kobunshi Kagaku, Tokyo (Chem. High Polymers) **27** (1970) 301, S. 323 – 329.

Lovric, L.: Verteilungsfunktionen für die relative Molekülmasse von Styrol/Acrylnitril-Copolymerisaten. J. Polymer Sci., A-2: Polymer Physics 8 (1970) 5, S. 807 – 811.

Karpenko, G. B., Smirnov, A. F., Basiok, M. O., Ezrielev, A. I., Roskin, E. S.: Einfluß einiger Salze auf die relative Molekülmasse von durch Initiierung mit vierwertigem Cer hergestelltem Polyacrylnitril. Vysokomol. Soed. (Hochmol. Verbind.) Serie B: Kratkie Soobšč. (Kurzmitt.) **12** (1970) 8, S. 626 – 628.

Pasternak, R. A., Christensen, M. V., Heller, J.: Diffusion und Permeation von Sauerstoff, Stickstoff, Kohlendioxid und Stickstoffdioxid durch Polytetrafluoräthylen. Macromolecules, Washington **3** (1970) 3, S. 366 bis 371.

Salovey, R., Albarino, R. V., Luongo, J. P.: Absorptionsspektroskopie von bestrahltem Polyvinylchlorid. Macromoecules, Washington (1970) **3**, S. 314 – 318.

Kamenskij, A. N., Mal'cev, V. F., Fodiman, N. M., Vojuckij, S. S.: Elektronenmikroskopische Untersuchung der Struktur von Polymergemischen. Vysokomol. Soed. (Hochmol. Verbind.) Serie B: Kratkie Soobšč. (Kurzmitt.) **12** (1970) 8, S. 574–577.

Weber, R.: Lichtmikroskopische und elektronenmikroskopische Untersuchungen an lichtgeschädigten Polyesterfasern. Textilveredlung, Weinfelden/Schweiz **5** (1970) 9, S. 703–708.

Fujiwara, Y., Flory, P. J.: Röntgenkleinwinkelstreuung durch Polymerketten im submolekularen Bereich. Macromolecules, Washington **3** (1970) 3, S. 288–293.

Majerus, J. N., Pitochelli, A. R.: Einfluß der Mikrostruktur auf das Zugverhalten von Acrylsäurecopolymerisaten. J. Polymer Sci., A-1: Polymer Chem. 8 (1970) 6, S. 1439–1465.

Kovriga, V. V., Kuznecova, I. G., Gumen, R. G., Kazerjan, L. G., Saakjan, E. A.: Struktur und mechanische Eigenschaften von Polyformaldehyd. Plast. Massy, Moskva (Plast. Massen) (1970) 8, S. 38–42.

Gezalov, M. A., Kuksenko, V. S., Slucker, A. I.: Beurteilung der Querabmessungen fibrillenartiger Strukturelemente in orientierten Polymeren. Vysokomol. Soed. (Hochmol. Verbind.) Serie A **12** (1970) 8, S. 1787–1793.

Gal'perin, E. L., Kosmynin, B. P., Mindrul, V. F., Smirnov, V. K.: Über die Morphologie von Strukturgebilden des Polyvinylidenfluorid in Abhängigkeit von den Polymerisationsbedingungen und der relativen Molekülmasse des Polymeren. Vysokomol. Soed. (Hochmol. Verbind.) Serie B: Kratkie Soobšč. (Kurzmitt.) **12** (1970) 8, S. 594–596.

Elias, H.-G.: Stereokontrolle. III. Geschwindigkeitskonstanten der iso- und syndiotaktischen Anlagerung. Makromol. Chemie (1970) S. 277–283.

Chen, V. Y., Allegra, G., Corradini, P., Goodman, M.: Kettenkonformation von syndiotaktischen Poly-α-methylvinyläther im kristallinen Zustand. Macromolecules, Washington **3** (1970) 3, S. 274–280.

Han, C. D.: Eine theoretische Untersuchung der Spinnbarkeit von Faserstoffen. Rheologica Acta, Darmstadt **9** (1970) 3, S. 355–365.

Schopov, I.: Über die Struktur der aus Maleinsäureanhydrid in Gegenwart organischer Basen erhaltenen Polymeren. Makromol. Chemie **137** (1970) S. 293–301.

Patel, G. N., Patel, R. D.: Anwendung der Zwischenstrahl- und der Vielstrahlinterferenztechniken auf Polymerkristalle. Makromol. Chemie **137** (1970) S. 67–78.

Tosi, C., Catinella, G.: Sequenz-Homogenität, eine neue quantitative Charakterisierung der Sequenzverteilung in Copolymeren. Makromol. Chemie **137** (1970) S. 211–228.

Hrivnáková, V., Weiss, A.: Untersuchung der Beziehungen zwischen der morphologischen Struktur und den Anwendungseigenschaften neuer Typen von Viskosefasern. Chem. Vlákna, Svit (Chem. Fasern) **2c** (1970) 4, S. 75–82.

Bočvar, D. A., Stankevič, I. V., Vinogradova, S., Koršak, V. V., Vasnev, V. A.: Orientierende Beurteilung der Reaktionsfreudigkeit von Bisphenolen. Dokl. Akad. Nauk SSSR (Ber. Akad. Wiss. UdSSR) **194** (1970) 1, S. 119–121.

Chanmamedov, T. K., Aliev, A. D.: Über die Rolle der S-Konformationen von β-Phenylvinylketonen bei ihrer Polymerisation nach der Michael-Reaktion. Izv. Akad. Nauk SSSR, Serija chim. (Nachr. Akad. Wiss. UdSSR, Chemie) (1970) 9, S. 2040–2047.

Fujiwara, Y., Flory, P. J.: Zweite und vierte Momente von Vinylpolymerketten. Macromolecules, Washington **3** (1970) 3, S. 280–288.

Fuchs, O.: Neue Ergebnisse zum Fließverhalten von konzentrierten Polymerlösungen. Angew. makromol. Chemie, Basel **13** (1970) S. 139–162.

Vinogradov, G. V., Friedman, M. L., Jarlykov, B. V., Malkin, A. Ja. (Schreibw. i. Orig.: *Yarlykov, B. V., Malkin, A. Ya.*): Unstetes Fließen von Polymerschmelzen: Polypropylen. Rheologica Acta, Darmstadt **9** (1970) 3, S. 323–329.

Ivanova, G. M., Malinin, N. I.: Zur „erblichen" Theorie des Kriechverhaltens und zur Ermüdung von polymeren Materialien bei geringer Zyklenzahl. Mech. Polimerov, Riga (Mech. der Polymeren) **6** (1970) 4, S. 615–621.

Vinogradov, G. V., Fichman, V. D., Raduškevič, B. V., Malkin, A. Ja. (Schreibw. i. Orig.: *Fikhman, V. D., Radushkevich, B. V., Malkin, A. Ya.*): Viskoelastizität und Relaxationseigenschaften einer Polystyrolschmelze bei axialer Dehnung. J. Polymer Sci., A-2: Polymer Physics 8 (1970) 5, S. 657–678.

Marrucci, G.: Vorhersage des zugelastischen Verhaltens von Polystyrolschmelzen. IEC. Ind. engeng. Chem./Fundamentales **9** (1970) 3, S. 514.

Žantalaj, B. P., Sucharева, Z. I.: Bestimmung von Aminoverbindungen als Beimischungen im ε-Caprolactam. Ž. prikl. Chimii (Z. angew. Chemie) **43** (1970) 7, S. 1558–1562.

Chifor, A.: Charakterisierung von Polyvinylalkohol mittels DTA und Thermogravimetrie. Materiale plast,, Bucureşti **7** (1970) 5, S. 234–239.

Wiesener, E.: Differential-thermoanalytische Untersuchungen an Polyäthylenterephthalat. IV. Der Einfluß der relativen Molekülmasse auf das Kristallisations- und Schmelzverhalten. Faserforsch. u. Textiltechnik **21** (1970) 10, S. 442–443.

Joshi, R. M.: Thermodynamische Eigenschaften einiger monomerer Verbindungen im idealen Gaszustand. J. Polymer Sci., A-2: Polymer Physics 8 (1970) 5, S. 679–687.

Molčanov, Ju. M., Molčanova, G. A.: Kalorimetrische Untersuchung des Reckungsvorganges von Polyäthylen. Mech. Polimerov, Riga (Mech. der Polymeren) **6** (1970) 4, S. 579–584.

Zagraevskaja, I. M., Šachova, E. M., Meerson, S. I.: Kalorimetrische Untersuchung des Systems: Polymeres/Lösungsmittel. Vysokomol. Soed. (Hochmol. Verbind.) Serie B: Kratkie Soobšč. (Kurzmitt.) **12** (1970) 8, S. 601–603.

Berlin, A. A., Ivanov, A. A., Mirotvorcev, I. I., Gorjačeva, G. K.: Über die Umwandlung von Thermooxydationsinhibitoren in polykonjugierte Verbindungen und über die Steigerung ihrer Aktivität. Vysokomol. Soed. (Hochmol. Verbind.) Serie B: Kratkie Soobšč. (Kurzmitt.) **12** (1970) 8, S. 563–564.

Fajnerman, A. E., Lipatov, Ju. S., Kulik, V. M.: Untersuchung von Oberflächeneffekten in Polymeren, Adsorptionsisothermen und thermodynamischen Eigenschaften von Oberschichten in Lösungen von Polyestern mit verschiedener relativer Molekülmasse. Kolloid. Ž. Moskva **32** (1970) 5, S. 778–782.

Moroz, A. P., Eliseeva, V. I., Nazarova, I. V.: Untersuchung der elektrophoretischen Ausfällung von Acrylcopolymeren mit Carboxylgruppen aus wäßrigen Systemen. II. Einfluß des Aggregationsgrades carboxylhaltiger Polymerer in wäßriger Phase auf ihre elektrophoretische Ausfällung. Ž. fizic. Chimii (Z. physik. Chemie) **44** (1970) 8, S. 2077–2079.

Nikolaev, A. F., Bondarenko, V. M., Žukova, N. A.: Über die Eigenschaften von Vinylacetat/N-Vinylsuccinimid-Copolymeren und ihren Derivaten. Ž. prikl. Chimii (Z. angew. Chemie) **43** (1970) 6, S. 1339–1343.

Bhatnagar, H. L., Singh, M. M., Gur, I. S., Lal, K. (Schreibw. i. Orig.: *Behatnagar, Ch. L., Sing, M. M.*): Kinetik des oxydativen Abbaus von Polymeren in Lösung. Dokl. Akad. Nauk SSSR (Ber. Akad. Wiss. UdSSR) **193** (1970) 5, S. 1092–1095.

Valk, G., Kehren, M.-L., Daamaen, I.: Über die Photooxydation von Polyäthylenglykolterephthalat-Fasern. Angew. makromol. Chemie, Basel **13** (1970) S. 97–107.

Selivanov, P. I., Kirillova, E. I., Lukovnikov, A. F.: Über die beim Photoabbau von Polystyrol entstehenden niedermolekularen Produkte. Vysokomol. Soed. (Hochmol. Verbind.) Serie B: Kratkie Soobšč. (Kurzmitt.) **12** (1970) 8, S. 580–583.

Paxton, Th. R.: Adsorption von Emulgatoren an Polystyrol und Polymethylacrylat-Latexteilchen. J. colloid interface Sci. **31** (1969) 1, S. 19–30.

Polymerisation

Kennedy, J. P., Otsu, T.: Polymerisation mit Isomerisation des Monomeren vor dem Wachstum. Advances Polymer Sci./Fortschritte Hochpolymeren-Forsch. **7** (1970) 3, S. 369–385.

Ol'chov, Ju. A., Ivanov, A. I., Lugovoj, V. B., Baturin, S. G., Entelis, S. G.: Über einige Besonderheiten der Kinetik der dreidimensionalen Polymerisation bei der Synthese von Polyurethanen. Vysokomol. Soed. (Hochmol. Verbind.) Serie A **12** (1970) 8, S. 1694–1699.

Csürös, Z., Rusznák, I., Bertalan, G., Körösi, J.: Rolle der Amidinverbindungen bei der hydrolytischen Bildung von Poly-ε-caproamid. Makromol. Chemie **137** (1970) S. 17–22.

Andor, I. A., Juržеnko, A. I., Šamrakova, A. E.: Untersuchung kolloidchemischer Faktoren der Perlpolymerisation von Vinylmonomeren. Einfluß der relativen Molekülmasse der als Dispersionsmittel angewandten Polymethacrylsäure auf die Stabilisierung der polymerisierbaren Emulsionen. Kolloid. Ž., Moskva **32** (1970) 5, S. 644–649.

Otsu, T., Kubota, S.: Metallhaltige Initiatorsysteme. XXVI. Vinylpolymerisation mit dem System reduziertes Nickel/Säureanhydride. Kobunshi Kagaku, Tokyo (Chem. High Polymers) **27** (1970) 301, S. 330–336 (jap., engl. Zusammenfass.)

Yamada, B., Kusuki, Y., Otsu, T.: Radikalische Polymerisation von Vinylmonomerzinntetrachloridkomplexen. Makromol. Chemie **137** (1970) S. 29–42 (engl.)

Roth, H.-K., Pilz, D.: Untersuchungen zur strahleninitiierten Polymerisation von Vinylchlorid in Toluol. Plaste u. Kautschuk **17** (1970) 10, S. 735–738.

Jíšová, V., Kolínský, M., Lím, D.: Polymerisation von Vinylchlorid durch Alkyllithiumverbindungen. J. Polymer Sci., A-1: Polymer Chem. 8 (1970) 6, S. 1525–1533.

Ehrlich, P., Mortimer, G. A.: Grundlagen der Freiradikalpolymerisation von Äthylen. Advances Polymer Sci./Fortschritte Hochpolymeren-Forsch. **7** (1970) 3, S. 386–448.

Mortimer, G. A.: Kettenübertragung bei der Äthylenpolymerisation. IV. Weitere Untersuchungen bei 1360 at und 130 °C. V. Der Einfluß der Temperatur. VI. Der Einfluß des Druckes. J. Polymer Sci., A-1: Polymer Chem. 8 (1970) 6, S. 1513–1523; 1535–1542; 1543–1548.

Demin, E. A., Ermakov, Ju. I., Lazutkin, A. M., Zacharov, V. A.: Polymerisation von Äthylen in Gegenwart von tris-π-Allylchrom. Vysokomol. Soed. (Hochmol. Verbind.) Serie B: Kratkie Soobšč. (Kurzmitt.) **12** (1970) 8, S. 619–620.

Slavnickaja, N. N., Semčikov, Ju. D., Rjabov, A. V., Bort, D. N.: Polymerisation und Copolymerisation von Acrylmonomeren in heterogener Phase unter Einwirkung eines Fällungsmittels. Vysokomol. Soed. (Hochmol. Verbind.) Serie A **12** (1970) 8, S. 1756–1762.

Joh, Y., Kotake, Y.: Stereospezifische Polymerisation von Methylmethacrylat durch Organomagnesiumkatalysatoren mit Magnesium/Stickstoff-Bindung. Macromolecules, Washington **3** (1970) 3, S. 337–345.

Vasiliu-Oprea, C., Neguleanu, C., Simionescu, Cr.: Mechanochemische Pfropfung von Polyäthylenterephthalat mit Acrylsäuren durch Schwingmahlung. Plaste u. Kautschuk **17** (1970) 9, S. 639–642.

Parry, A., Roovers, J. E. L., Bywater, S.: Anionische Polymerisation von Styrol in Tetrahydropyran. Macromolekules, Washington **3** (1970) 3, S. 355–357.

Aso, C., Tagami, S., Kunitake, T.: Polymerisation von aromatischen Aldehyden. IV. Kationische Copolymerisation von Phthalaldehydisomeren und Styrol. J. Polymer Sci., A-1: Polymer Chem. **8** (1970) 6, S. 1323–1336.

Hauser, C. F., Zutty, N. L.: Chinon-Copolymerisation. I. Reaktionen von p-Chloranil, p-Benzochinon und 2,5-Dimethyl-p-benzochinon mit Vinylmonomeren bei Initiation durch freie Radikale. J. Polymer Sci., A-1: Polymer Chem. 8 (1970) 6, S. 1385–1401.

Predvoditelev, D. A., Nazarova, V. A., Bakšeeva, M. S.: Synthese neuer Derivate von hochmolekularen Polyoxyverbindungen unter Einwirkung von Cyclophosphinsäurechloriden und -anhydriden. Vysokomol. Soed. (Hochmol. Verbind.) Serie A **12** (1970) 8, S. 1713–1717.

Sonderfragen

Wurster, J., Fiebig, D.: Zur Photochromie von Flavanthron (Indanthrengelb G). Melliand Textilber. internat. **51** (1970) 10, S. 1197–1200.

Zajic, J., Bareš, M., Kaufman, K.: Einfluß der Konfiguration der Fettsäuren auf die Eigenschaften von Seife. Fette, Seifen, Anstrichmittel/Ernährungsind. **72** (1970) 10, S. 865–870.

II. Faserstoffe. Ausgangsstoffe usw.

Bobrova, Z. V., Kokotov, Z. I.: Veränderungen in der Rohstoffstruktur der Textilindustrie der UdSSR. Tekstil. Prom., Moskva (Textil-Ind.) **30** (1970) 6, S. 14–16. Ref.: Presse der SU, Ausg. A., Berlin (1970) 110, S. 10.

Naturfaserstoffe

Ritter, H.-D.: Sekundärrohstoffe – eine volkswirtschaftliche Potenz. Wirtschaft, Ausg. A **25** (1970) 40, S. 10.

Chemiefaserstoffe

Marzolph, H.: Entwicklung auf dem Chemiefasergebiet in der Zukunft. Textilindustrie, Mönchengladbach **72** (1970) 9, S. 665–671.

Michajlov, N. V., Smirnova, V. N., Nessonova, G. D.: Über neue Wege der struktur-chemischen Modifizierung von Chemiefaserstoffen. Chim. Volokna (Chem. Fasern) (1970) 4, S. 2–7.

Cellulose und Zellstoff

Nowakowski, J.: Untersuchung des zweistufigen Sulfitaufschlusses von Kiefernholz. III. Vergleich der nach dem zweistufigen Sulfitaufschluß erhaltenen Zellstoffen mit den nach anderen Sulfitverfahren erhaltenen. Przegl. papierniczy **26** (1970) 8(319), S. 263–268.
Norrström, H.: Lichtabsorptionseigenschaften von Fichtenbisulfitzellstoff. Teil I. Einfluß der Aufschlußbedingungen. Svensk Papperstidn. **73** (1970) 15, S. 455–461 (engl.).
Popescu, G.: Einige anatomisch-morphologische Aspekte des Pappelholzes. Celuloză si Hîrtie, București (Cellulose u. Papier) **19** (1970) 8, S. 272–276.

Regeneratfaserstoffe

Roler, M. Ja., Gal'brajch, L. S., Rogorin, Z. A.: Entwicklung eines Verfahrens zur Gewinnung von alkalilöslichen niedrig-susbstituierten Cellulosesulfaten. Chim. Volokna (Chem. Fasern) (1970) 4, S. 31–33.
Skorobogatych, V. V., Serkov, A. T.: Zum Fließen von Spinnlösungen im Düsenkanal. Chim. Volokna (Chem. Fasern) (1970) 4, S. 33–36.
Girard, F.: Modal-Fasern und Polynosic-Fasern. Chemiefasern **2c** (1970) 10, S. 884–889.
Pšedeckaja, V. K., Polovnikova, M. V., Kozyrev, A. V., Geller, B. E.: Einfluß von Polyoxyäthylen auf die Viskosität der Spinnlösungen von Celluloseacetaten. Chim. Volokna (Chem. Fasern) (1970) 4, S. 38–39.

Synthetische Faserstoffe

Wlodarski, G.: Entwicklung in der Vergangenheit, gegenwärtiger Stand und Zukunft der Synthesefasern. Przegl. włókienn. (Textil-Rdschr.) **24** (1970) 7, S. 302–308.
Hardman, J. C.: Die Herausforderung der 70er Jahre. Hosiery Times **43** (1970) 492, S. 79–80.
Okuda, T.: Neuere Entwicklungstendenzen der japanischen Synthesefaser-Industrie. Seidenartige Synthesefasern. Chemiefasern **20** (1970) 10, S. 855–858.
Sasaki, T.: Naturseidenartige Chemiefaser „Chinon" – ihre Eigenschaften und Kommerzialisierung. Japan Textile News (1969) 180, S. 36–41.
Gernhardt, S., Hoffrichter, S., Schmidt, W.: Neuer Fasertyp – Polyester-Hochschrumpffaser Grisuten. Dt. Textiltechnik **20** (1970) 9, S. 559–562.
Makova, V. S., Oreškina, T. S., Krajnov, Ju. V., Bobyleva, G. A., Uglov, P. A., Rybin, S. S., Balašova, G. K.: Herstellung von Kapronfaserstoffen mit Hohlprofil auf dem Aggregat SAK-15-I. Chim. Volokna (Chem. Fasern) (1970) 4, S. 62–64.
Koljaskina, A. E., Trifonova, A. I.: Herstellung von gefärbtem Polyamidfaserstoff „Meron". Chim. Volokna (Chem. Fasern) (1970) 4, S. 71–72.
Tamazina, V. N., Vol'f, L. A., Meos, A. M., Kirilenko, Ju. K.: Herstellung von halogenierten Polyvinylalkohol-Faserstoffen. Ž. prikl. Chimii (Z. angew. Chemie) **43** (1970) 6, S. 1417–1418.
Beck, T.: Betriebserfahrungen beim Herstellen und Verarbeiten von Foliefäden. Techn. Textilien **13** (1970) 3, S. 61–66.

Ausgangsstoffe, Schaumstoffe, Kautschuk

Načinkin, O., D'jakonova, E., Rabinovič, V.: Fasrige polymere Bindemittel auf der Basis von Polyvinylalkohol. Chim. Volokna (Chem. Fasern) (1970) 4, S. 73.

III. Fäden-Herstellungstechnologien

Spinnerei, Zwirnerei

Spinnereivorbereitung

Popiel, J.: Beurteilungskriterien des Erzeugungsprozesses und der Produktionsergebnisse von Röste-Unternehmen. Przegl. włókienn. (Textil-Rdsch.) **24** (1970) 7, S. 350–352, 354.
Rösch, M.: Der derzeitige Trend in der Rohwollwäsche. Spinner, Weber, Textilveredlung **88** (1970) 10, S. 1004–1007.
Wood, G. F.: Das Karbonisieren gekämmter Wolle. J. Textile Inst. **61** (1970) 2, S. 95–96.
Townend, P. P.: Noppenbildung auf der Streich- und Kammgarnkarde. Textile Inst. Ind. **8** (1970) 9, S. 244–249.
Burns, R.: Dynamisches Ausbalancieren von Garnkörpern – Allheilmittel oder beschwichtigendes Wort? Mod. Textiles Mag. **51** (1970) 7, S. 36–37.

Spinnerei

Baumwoll-Kammgarnwerk besitzt „unbemannten" Betrieb von der Putzerei bis zur Karderie. Textile World (1970) 4, S. 54–55.
Schieblich, H.: Reibungsverhalten an Galetten. Dt. Textiltechnik **20** (1970) 9, S. 562–567.
Das „Selbst-Drall"(ST)-Spinnen. Textile Month (1970) 4, S. 85, 87.
Kašpárek, J.: Innere Struktur des Baumwollgarnes aus den Open-End-Spinnmaschinen. Textil, Praha **25** (1970) 9, S. 295–297, 317.

Zwirnerei

Bergmann, R.: Qualitative und wirtschaftliche Probleme des Doppeldrahtzwirnens. Spinner, Weber, Textilveredlung **88** (1970) 10, S. 998–1003.
Livšic, N. M. Tur'jan, D. A., Belov, A. M.: Verfahren zur Lichtsignalisierung zwischen den Etagen von Kontinue-Maschinen zum Erspinnen von Cord. Chim. Volokna (Chem. Fasern) (1970) 4, S. 68–69.

Erzeugnisse der Spinnerei und Zwirnerei

ICI bringt Terylene für Reifen heraus. Textile Month (1970) 4, S. 105–106.
Wegener, W., Ehrler, P.: Die verwertbare Information von Längenvariationswerten CB (L). Melliand Textilber. internat. **51** (1970) 10, S. 1133–1136.

Texturfäden

Morawek, W.: Aspekte der Texturierung. Textilveredlung, Weinfelden/Schweiz **5** (1970) 8, S. 651–665.
Ostertag, H. P.: Überblick und Vergleich verschiedener Texturierverfahren. Textilveredlung, Weinfelden/Schweiz **5** (1970) 8, S. 627–634.
Sen, H., Wray, G. R.: Eine Vorrichtung zur Herstellung von Kräuselgarn des Luftdüsen-Typs ohne Verwendung von Luft. J. Textile Inst. **61** (1970) 2, S. 77–87.
Krause, H. W.: Mechanik der Torsionskräuselung. Textilveredlung, Weinfelden/Schweiz **5** (1970) 8 ,S. 643–647.

IV. Flächengebilde-Herstellungstechnologien

Materialvorbereitung

Die Entwicklung der Spulerei. Spinner, Weber, Textilveredlung **88** (1970) 9, S. 871–886 (dt. u. engl.).
Heard, G. W.: Elektromagnetische Wirtel-Spannung – Methode zum Schären von Chemieseiden. Mod. Textiles Mag. **51** (1970) 7, S. 24–28.

Weberei

Leistungsschau der Seidenwebereien. Tekstil. Prom., Moskva (Textil-Ind.) **30**, (1970) 6, S. 45–50.
Hesse, E. O.: Zur optimalen Webereiproduktion. Textil-Praxis **25** (1970) 9, S. 524–525.

Weberei-Technologie

Stucki, P.: Über die Webmaschinen mit Wellenfach. Ind. textile, Paris (1970) 991, S. 401–404.

Erzeugnisse der Weberei

Koedam, H.: Der Platz der Baumwolle in der Textilwirtschaft von morgen – Probleme und Möglichkeiten. Melliand Textilber. internat. **51** (1970) 10, S. 1115–1117.
Lagerung im Rohr wird als Beispiel für Einsparungen bei Sweetwater angeführt. Mod. Textiles Mag. **51** (1970) 5, S. 23.
Burnett, R.: Teppichstoffe für die Wände. Mod. Textiles Mag. **51** (1970) 7, S. 32, 35.
Uneingeschränkte Farbanwendung eröffnet neue Teppichära. Mod. Textiles Mag. **51** (1970) 3, S. 53–55.
DuPont blickt auf die Teppichindustrie: ein verheißungsvolles Jahrzehnt. Mod. Textiles Mag. **51** (1970) 5, S. 19–22.
Wilson, F. C., Liebes, D., Koval: B.: Teppiche in den 70er Jahren. Textile World **120** (1970) 5, S. 62–84.

Wirkerei und Strickerei. Konfektionstechnik. Sonstige Technologien

Olley, M. J.: Entwicklungen auf dem Gebiet der Veredlung von Gewirken und Gestricken für die Herrenbekleidungsindustrie. Hosiery Times **43** (1970) 489, S. 71, 73, 74, 77.
Slade, A.: Gegenwärtige und zukünftige Tendenzen bei Herrenmaschenbekleidung. Hosiery Trade J. **77** (1970) 916, S. 139–142.

Wirkerei- und Strickerei-Technologie

Weber, K.-P.: Die Kettenwirkerei – Technologische und bindungstechnische Grundlagen sowie Mustereinrichtungen. Melliand Textilber. internat. **51** (1970) 10, S. 1169–1174.
Matéešču, M., Budulan, R.: Neue Methoden zur Bestimmung der Produktionsleistung der Strickmaschinen. Ind. textilă. București **21** (1970) 9, S. 568–577.
FN-Neuheiten auf dem Flachstrick- und Cottonmaschinen-Sektor. Wirk.- u. Strick.-Technik **20** (1970) 10, S. 657–658.
Vincomo-Jersey 1971. Hosiery Times **43** (1970) 491, S. 46–51, 53, 54.
Das Stricken von Jersey aus Crimplene. Off. Ind. Maille (1970) 56, S. 31–36.

Konfektion

Mechanisierte Nähvorrichtungen sparen Zeit und Arbeitskraft ein und verbessern die Qualität des Produktes. Hosiery Times **43** (1970) 492, S. 63, 64, 66, 68.
Novac, S., Wrissenberg, G., Tisza, D.: Die industrielle Anwendung der Korrekturkoeffizienten für Maßänderungen der Strickwaren in der Konfektion. Ind. textilă, București **21** (1970) 9, S. 578–581.
Hemdenproduktion. Internat. Dyer, Textile Printer, Bleacher, Finisher **143** (1970) 10, S. 678, 681.

Textilverbundstoffe

Faserverbundstoffe. Vliesstoffe

„Klebstoff in Faserform" und andere Einsatzzwecke der Wacker MP Faser bei der Herstellung von Non-wovens. Chemiefasern **2c** (1970) 9, S. 768 bis 769.
Die Verbundstoffe für Oberbekleidung. Ind. textile, Paris (1970) 991, S. 405–406.
Szałkowski, Z.: Aerodynamische Bildung von Vliesen aus Zweifasermischungen. Przegl. włukienn. (Textil-Rdsch.) **24** (1970) 7, S. 309–310.

Schichtstoffe

Montgomery, V.: Singer eröffnet Probe-Laboratorium mit neuesten Tuftingmaschinen. Mod. Textiles Mag. **51** (1970) 5, S. 50, 80.
Bodenbeläge, Folien und beschichtete Bahnen. Kunststoff-Berater **15** (1970) 9, S. 889–894.

V. Textilveredlung

Die Veredlung. Ind. textile, Paris (1970) 991, S. 443–452.

Farbstoffe. Textilhilfsmittel

Gralinski, M.: Welanfarbstoffe – eine neue Gruppe einheimischer Farbstoffe für Einbadfärbung von Wolle und Polyesterfaser-Mischungen. Przegl. włókienn. (Textil-Rdsch.) **24** (1970) 7, S. 333–336.
Lee, J. G.: Neue vormetallisierte Farbstoffe für gewirkte bzw. gestrickte Stoffe und Kleidungsstücke aus Polyamid. Hosiery Times **43** (1970) 491, S. 73, 75, 77.

Bleicherei. Sonstige Vorbehandlungsarbeiten der Textilveredlung

Wie beim Bleichen Geld eingespart werden kann. Textile World (1970) 4, S. 106–107.
Bonte, E.: Untersuchung der Flachsbleiche. Einfluß des Röstens. Teil 2. Bull. Inst. Textile France **24** (1970) 149, S. 637–670.
Weißbach, J.: Optisches Aufhellen von Textilien aus Polyamidfaserstoffen nach kontinuierlichen Verfahren. Internat. Dyer, Textile Printer, Bleacher, Finisher **144** (1970) 7, S. 179, 180, 183, 184, 187.
Ehret, H.: Die Bleiche von Mischgewirken aus Baumwoll- und texturierten Polyamidendlos-Garnen mit Wasserstoffperoxid und Proventin **7**. Wirk.- u. Strick.-Technik **2c** (1970) 10, S. 636.
Štepánek, V.: Schnelltrockner TYu 100/1. Textil, Praha **25** (1970) 9, S. 303–304.

Färberei

Haspelkufe – HT-Haspelkufe – Düsenfärbemaschine – Luftinjektion und Lösungsmitteltechnik im Färbebetrieb von morgen. Textilindustrie, Mönchengladbach **72** (1970) 9, S. 677–684.

Newton, E. J.: Entwicklungen auf dem Gebiet der Farbstoffe und der Färberei. Internat. Dyer, Textile Printer, Bleacher, Finisher **144** (1970) 2, S. 95, 96, 99, 100, 103, 104, 107, 108.

Grindea, M.: Das Färben von textilen Faserstoffen in Farbstofflösungen mit organischen Lösungsmitteln. Ind. textilă, Bucureşti **21** (1970) 9, S. 582–585.

Färben von Polyester ohne Färbebeschleuniger. Textile World (1970) 4, S. 112–113.

Kellett, H.: Schnellfärbeverfahren für Gewirke bzw. Gestricke aus Polyamid- und Polyacrylnitrilfaserstoffen. Hosiery Times **43** (1970) 491, S. 77, 79, 102.

Heinrich, H.: Über das Färben von Polyamid-Charmeuseware. Chemiefasern **20** (1970) 10, S. 873–876.

Nestvogel, H.: Kontinuierliches Färben von Polgeweben. Textil-Praxis **25** (1970) 9, S. 552–555.

Heißfixierverfahren. Internat. Dyer, Textile Printer, Bleacher, Finisher **143** (1970) 10, S. 682, 685.

Druckerei

Böttiger, H.: Druck von Geweben und Spitzenerzeugnissen auf der Basis von Polyester-, Triacetat- und 2½-Acetatfaserstoff. Galaxia, Buenos Aires (1970) 31, S. 13–18.

Badertscher, W.: Das Print-Dry-Verfahren – ein rationelles Fixier-Verfahren für Drucke mit Reaktiv-Farbstoffen. Textilveredlung, Weinfelden/Schweiz **5** (1970) 9, S. 721–725.

Ausrüstung. Trocknung

Slucker, L. I., Pugnač, B. M. Utevskij, L. E., Nerejskij, Z. Ju., Perepelkin, K. E., Stark, I. M.: Einfluß der thermischen Vorgeschichte von Polyvinylalkoholfäden auf die Veränderung der Langperiode beim Erhitzen. Vysokomol. Soed. (Hochmol. Verbind.) Serie B: Kratkie Soobšč. (Kurzmitt.) **12** (1970) 8, S. 616–618.

Krasnece, D., Kvapila, M.: Applikation einiger Technologien der beständigen Ausrüstung der Gewebe. Textil, Praha **25** (1970) 8, S. 265–267.

Strahlung in der Textilveredlungstechnologie. Hosiery Times **43** (1970) 493, S. 87.

Waschmaschinenfeste, nach dem Klotz-Kaltverweil-Verfahren behandelte Wolle auf den Markt gebracht. Internat. Dyer, Textile Printer, Bleacher, Finisher **144** (1970) 1, S. 38–39.

Meier, P., Zollinger, H.: Untersuchungen zur Kernvernetzung von Baumwollzellulose. Textilveredlung, Weinfelden/Schweiz **5** (1970) 9, S. 709 bis 720.

Feldtman, H. D., Fleischfresser, B. E.: Methode zur Herstellung von Wollbekleidung mit Permanent-Preß-Ausrüstung. Textile Inst. Ind. **8** (1970) 9, S. 249–252.

Gewirke bzw. Gestricke aus Baumwolle mit Durable-Press-Ausrüstung. Internat. Dyer, Textile Printer, Bleacher, Finisher **144** (1970) 1, S. 29.

König, W.: Laminate und Bondings aus Polyurethan-Schaumstoff und Textilien. Textil-Praxis **25** (1970) 9, S. 558–561.

Franke, W.: Zur Frage des Kantenleimens von Maschenstoffen bei der Ausrüstung von Rundwirk- und Rundstrickwaren. Wirk.- u. Strick.-Technik **20** (1970) 10, S. 632, 634.

Meagher, J.: Siliconcopolymere. Ind. textile, Paris (1970) 991, S. 411–413.

Wäscherei. Chemische Reinigung

Produzenten planen neue Waschmittelformulierungen. Chem. engng. News **48** (1970) 34, S. 18–19.

17 aktuelle Fleckenprobleme aus 7 Ländern. Chemischreiniger u. Färber/Färber-Ztg. **23** (1970) 6, S. 308–309.

VI. Werkstoffprüfung. Meß- und Prüftechnik. Standardisierung

Himmelreich, W.: Bericht über den nationalen und internationalen Stand der Farbechtheitsprüfmethoden. Dt. Textiltechnik **20** (1970) 9, S. 577–581.

Eigenschaften und Fehler der Textilmaterialien u. a.

Jahn, H., Schröder, E., Thinius, K.: Zur Methodik der Untersuchung grenzflächenenergetischer Daten an Plastfolien. Plaste u. Kautschuk **17** (1970) 9, S. 648–652.

Kägi, H.: Die Prüfung von Kräuselgarnen. Textilveredlung, Weinfelden/Schweiz **5** (1970) 8, S. 634–642.

Maidel, H.: Ursachen der Bildung von Längsstreifen in Damenstrümpfen aus Polyamidfäden. Wirk.- u. Strick.-Technik **20** (1970) 10, S. 620–623, 643–646.

Elder, H. M., Guha-Thakurta, P. K., Ranganathan, S. R.: Atmosphärische Einflüsse auf die Biegesteifheit von Geweben. J. Textile Inst. **61** (1970) 2, S. 88–92.

Die Prüfung von Teppichen auf ihre Flammfestigkeit. Spinner, Weber, Textilveredlung **88** (1970) 10, S. 1022, 1024.

Scheller, M., Körner, K.: Einfluß der Wäsche auf die Lichtbeständigkeit von Polyamidseide. Dt. Textiltechnik **20** (1970) 9, S. 582–584.

Szegö, L.: Über das Verhalten von Modalfasern bei Alkalisierung. Faserforsch. u. Textiltechnik **21** (1970) 10, S. 422–425.

Sippel, A.: Ist das Zeitgesetz der Zerstörung konstant belasteter synthetischer Filamente wirklich logarithmisch? Chemiefasern **20** (1970) 10, S. 897–898.

Zimmer, E.: Die elektrostatische Aufladung von hochpolymeren Isolierstoffen. Kunststoffe **60** (1970) 7, S. 465–468.

Menges, G., Kellenter, M.: Geringerer Glasgehalt bringt Vorteile. Kunststoff-Rdsch. **17** (1970) 9, S. 457–465.

Kočevar, F., Malej, S.: Einfluß der Entfernung von niedrigmolekularen Oligomeren auf die Eigenschaften von Polyamidseide. Melliand Textilber. internat. **51** (1970) 10, S. 1121–1124.

Meß- und Prüftechnik

Pugačevič, P. P., Tokarev, A. G.: Messung der Dichte von Polymerlösungen in einem ganzverschmolzenen Pyknometer mit zwei Kapillaren. Zavodsk Labor., Moskva (Betriebslabor) **36** (1970) 7, S. 817–818.

Karasev, A. N.: Vorrichtung zur Untersuchung der Dauerfestigkeit von Plasten in verschiedenen Medien. Zavodsk Labor., Moskva (Betriebslabor) **36** (1970) 7, S. 871–872.

Barella, A., Pujol, C.: Über die statistische Verteilung der Flockenmasse nach dem Öffnen und Schlagen von Baumwolle und Viskosefasern. Bull. Inst. Textile France **24** (1970) 149, S. 617–635.

Gejdoše, V., Jury, J.: Faserorientierung in den Spinnerei-Halbfabrikaten. Textil, Praha **25** (1970) 8, S. 263–265.

Hummel, E.: Untersuchungen mit dem Cotton-Almeter. Textil-Praxis **25** (1970) 9, S. 537–540.

Sinha, N. G.: Der Feuchteeinfluß bei der Luftstrom-Feinheitsmessung von Jute. J. Textile Inst. **61** (1970) 2, S. 93–95.

Burtonwood, B., Grosberg, P.: Die Verwendung von Kohlenstoff-14 als Indikator zur Bestimmung der Wasser- und Salzbewegungen während des Trocknens einer dicken Lage textilen Materials. J. Textile Inst. **61** (1970) 2, S. 41–55.

Sidi, J.: Moderne Methoden der Betriebsführung in einer Mohair-Weberei. Textile Inst. Ind. **8** (1970) 9, S. 253–255.

Costanza, P. A.: Ein Instrument zum Messen der Kompression und Erholung von Teppichen. Mod. Textiles Mag. **51** (1970) 5, S. 84–90.

Standardisierung. Terminologie

Langner, H.: Anwendung von Stichprobenplänen für die Qualitätskontrolle in der Chemiefaserstoffindustrie. Dt. Textiltechnik **20** (1970) 9, S. 593 bis 595.

FA Textilterminologie der Kammer der Technik: Texturieren. 16. Mitteilung. Faserforsch. u. Textiltechnik **21** (1970) 10, S. 444.

VII. Betriebstechnik. Ökonomie. Tagungsberichte und dgl.. Sonderfragen

Betriebstechnik

Tomescu, M.: Einsatz elektronischer Rechenmaschinen auf dem Gebiet der Copolymerisation. Materiale plast., Bucureşti **7** (1970) 5, S. 250–254.

Cerovský, J., Jansa, J.: Praktische Benutzung der Digital-, Meß- und Rechentechnik in der Textilforschung. Teil I. Textil, Praha **25** (1970) 9, S. 305–307.

Gopujkar, S. S.: Wassergebrauch in Textilbetrieben. Internat. Dyer, Textile Printer, Bleacher, Finisher **144** (1970) 1, S. 47, 48, 50, 51, 53, 55; 2, S. 94.

Smith, P., Weaver, T.: Die vertikale Integration einer Kettenwirkerei durch Angliederung einer Färbe- und Ausrüstungsabteilung. Wirk.-Strick.-Technik **20** (1970) 9, S. 549–550, 552, 554, 556, 558.

Venslovas, A. I., Jankevičus, L. B.: Einfluß der Zuverlässigkeit der elektrischen Versorgung auf die Arbeit und Wirtschaftlichkeit eines Chemiefaserwerkes. Chim. Volokna (Chem. Fasern) (1970) 4, S. 56–58.

Bußmann, K. F.: Probleme und Lösungsvorschläge zur Rationalisierung der industriellen Erzeugung von Maschenoberbekleidung. Melliand Textilber. internat. **51** (1970) 10, S. 1175–1178.

Ökonomie

Gilliver, G.: Konfektion: Produktions-ingenieurtechnisches Herangehen an höhere Produktivität bei der Herstellung von Maschenware. Hosiery Times **43** (1970) 491, S. 63–65, 67, 70, 71.

Bačurin, A.: (Schreibw. i. Orig.: *Batschurin, A.*): Die Zukunft gehört den Produktionsvereinigungen. „Prawda" (1970) v. 25. August (lag nicht vor) Ref.: Presse der SU, Ausg. A., Berlin (1970) 113, S. 9–11.

Finger, H., Gertich, W., Kupfernagel, E., Polaschewski, E.: Über die weitere Entwicklung der sozialistischen Betriebswirtschaft bei der Gestaltung und umfassenden Anwendung des ökonomischen Systems des Sozialismus in der DDR. Wirtschaftswiss. **18** (1970) 10, S. 1504–1522.

Klinke, R.: Führungssysteme in der Industrie – heute und morgen. Textilindustrie, Mönchengladbach **72** (1970) 9, S. 695–697.

Garbe, E., Kiermeyer, J., Paschke, F.: Zur Anwendung der Gebrauchswert-Kosten-Analyse in der chemischen Industrie. Chem. Technik **22** (1970) 9, S. 560–562.

Das Akkordsystem „Bedaux". Spinner, Weber, Textilveredlung **88** (1970) 10, S. 1027–1028.

Lindner, B.: Akkord- oder Prämiensysteme in der Gegenwart und Zukunft. Spinner, Weber, Textilveredlung **88** (1970) 10, S. 1028–1029.

Bender, U.: Marketing ist keine Phrase. Textil-Praxis **25** (1970) 9, S. 513–515.

Woelk, H. U.: Zur Frage der Wirtschaftlichkeit industrieller Forschung. Chem. Ztg./Chem. Apparatur **94** (1970) 17, S. 633–642.

Anhaltende Expansion in der Chemiefaser-Industrie. Kautschuk, Gummi, Kunststoffe **23** (1970) 7, S. 349–350.

Zunahme der Weltproduktion und des Weltverbrauches an Wolle in den Jahren 1968–1969. Galaxia, Buenos Aires (1970) 31, S. 23–24.

Textilimporte: USA sind für Kontingente ... Japan hat resigniert. Chem. engng. News **48** (1970) 28, S. 12.

Sonderfragen

Reintges, H.: Management-Informationssysteme (MIS). Rationalisierung, München **21** (1970) 9, S. 219–223.

Frank, H.: Notwendigkeit, Möglichkeiten und Grenzen verbesserter Informationsaufnahme. Rationalisierung, München **21** (1970) 9, S. 218.

Malek, G.: Erwägung auf der die Notwendigkeit der Schaffung einer integralen Planung der Forschungs- und Entwicklungsarbeiten über Wolle hinweisenden Faktoren. Ziele, Mittel, konkrete Möglichkeiten. Galaxia, Buenos Aires (1970) 31, S. 36–51.

Schweizer, W. F.: Systematische Arbeiterschulung – am Beispiel der Spinnere erläutert. Melliand Textilber. internat. **51** (1970) 9, S. 1001 bis 1004; 10, S. 1127–1129.

Axt, G.: Neuordnung der betrieblichen Berufsausbildung in der Gewebe und Maschenwaren konfektionierenden Industrie. Melliand Textilber. internat. **51** (1970) 10, S. 1185–1188.

Rivenas, Br.: Zur Feuergefahr bei Arbeitsbekleidung aus Polyamid. Spinner, Weber, Textilveredlung **88** (1970) 10, S. 1020–1021.

Adam, W. E., Thiernagand, J., Schmitt, G. J.: Über die Unschädlichkeit von Enzymen in Waschmitteln. Fette, Seifen, Anstrichmittel/Ernährungsind. **72** (1970) 9, S. 797–800.

Gromoll, H.-W., Heine, G., Kummer, D.: Wundtextilien aus umstrickten Faservliesen. Melliand Textilber. internat. **51** (1970) 10, S. 1164–1168.

WEROL
die
Schmälze
zur
Erzeugung
hochwertiger
Textilien
HP
WERDAU
HANS PALTZOW · CHEMISCHE FABRIK · 962 WERDAU

Stabilisierung und Alterung von Plastwerkstoffen

Von Prof. Dr. KURT THINIUS

Band I: Stabilisierung und Stabilisatoren von Plastwerkstoffen

1969. 720 Seiten · 80 Abbildungen · 58 Tabellen · gr. 8° · Leinen M 84,— · Bestell-Nr. 761 2151 (5708/I)

Band II: Alterung der Plastwerkstoffe

1970. 498 Seiten · 107 Abildungen · 120 Tabellen · gr. 8° · Leinen M 84,—
Bestell-Nr. 761 3496 (5708/II)

Entgegen der auch heute noch vielfach geäußerten Auffassung, daß der überwiegende Teil der produzierten Plastwerkstoffe dazu bestimmt sein soll, andere knappe und teuere Roh- und Werkstoffe zu ersetzen, ist es vielmehr die Aufgabe der im Industriezweig und der Forschung der Plastwerkstoffe Tätigen, sich weiter darum zu bemühen, diese Gruppe der organischen Werkstoffe in höchstmöglichem Maße überall dort einzusetzen, wo es vom technischen Standpunkt ihre Werkstoffeigenschaften erlauben oder geradezu fordern. Sie sollen hier einen hohen volkswirtschaftlichen Nutzen bringen und soweit wie nur irgend möglich auch eine Einsparung an gesellschaftlicher Arbeit erzielen.

Der wirklich erreichbare wirtschaftliche Nutzeffekt der Plastformstoffe ist oft schwierig zu ermitteln. Er wird sich in den allerseltensten Fällen auf einen Betrieb beschränken oder beziehen lassen.

Eine sehr fundierte Werkstoffkunde mit den für die Plastwerkstoffe in ihrer Gebrauchsform des Plastformstoffes charakteristischen Vorgängen, Zuständen und Erscheinungen, für die es sich bei allen Sprachgebieten seit langem eingebürgert hat, den Begriff der Alterung zu gebrauchen, wird sich demgemäß als eine unabdingbare Notwendigkeit für die Erreichung des oben skizzierten gesellschaftlichen Zieles ergeben.

In dem Bestreben, hierbei den Wissenschaftlern, Technikern, Ingenieuren, Neuerern ein wenig zu helfen, ist das Buch über die Stabilisierung und Alterung der Plastwerkstoffe entstanden. Es schöpft aus einer fast 40jährigen wissenschaftlichen wie technologischen Bearbeitung mit Problemen der Stabilität und Stabilisierung des Makromoleküls, den Beeinflussungsmöglichkeiten dieser Eigenschaften durch Stabilisatoren sowie mit den Problemen der Dauerstandfestigkeit der aus dem Makromolekül herstellbaren Plastformstoffe.

Es sollte versucht werden, unter bewußtem Verzicht auf eine absolut erschöpfende Erfassung des einschlägigen Welt-Schrifttums, die grundlegenden Regelmäßigkeiten zu den Problemen der Stabilitätsverbesserung beim Aufbau des Makromoleküls selbst, wie auch durch verarbeitungstechnische Sorgfalt und Stabilisatoren darzulegen und auch aufzuzeigen, welche Grenzen der Einsatzfähigkeit den derzeitigen Plastformstoffen aus ihren Eigenschaften und ihren Wandlungsfähigkeiten her gegeben sind und wie die Bedingungen des sinnvollen Gebrauchs das Makromolekül beeinflussen.

Dieses Buch soll in seinem doppelten Charakter als Hand- und Nachschlagebuch wie auch als Lehrbuch für die Studentenschaft und den Kreis der Postgradualen dazu beitragen, die im Prognosezeitraum sehr weitgesteckten Ziele unserer Plastindustrie erreichen zu helfen.

Bestellungen durch eine Buchhandlung erbeten

AKADEMIE-VERLAG · BERLIN

FSC
www.fsc.org
MIX
Papier | Fördert gute Waldnutzung
FSC® C083411

Zeitfracht Medien GmbH
Ferdinand-Jühlke-Straße 7
99095 Erfurt, Deutschland
produktsicherheit@kolibri360.de